최준식 교수의
서울문화지

III

서西북촌 이야기

上

최준식 지음

최준식 교수의
서울문화지

III

서西북촌 이야기

이야기

上

최준식 지음

주류성

목차

최준식 교수의
서울문화지

서西북촌
이야기

서설

들어가면서

이른바 "서울문화지" 일람(一覽)하기

나는 지금 이 책의 표지에 명명되어 있는 것처럼 '서울문화지'라는 것을 나름대로 기획하고 계속해서 써 나가고 있는 중이다. 그래서 이미 익선동과 동(東) 북촌에 대한 문화답사지를 출간했으니 이 책은 그 세 번째 되는 책이다. 이 책은 서(西) 북촌에 대한 것이 주 내용인데 이 지역에는 볼 게 많고 이야기 거리가 많아 한 번에 다 보지 못한다. 그래서 두 권으로 나누어 볼 예정이다.

이렇게 3권의 책이 나온 시점에서 내가 기획한 '서울문화지'가 어떻게 구성되어 있는지를 보는 일은 앞으로의 전망을 위해서 필요하지 않을까 하는 생각이다. 이유는 간단하다. 이 문화지가 어떻게 흘러갈지에 대한 전체적인 그림을 알면 독자들이 서울의 문화와 역사를 이해하는 데에 도움이 될 것으로 생각하기 때문이다. 그리고 내가 이미 출간한 세 권의 책이 전체 그림에서 어디에 위치하고 어떤 의미를 갖는지도 알 수 있을 것이다. 다시 말해 답사를 시작한지 시간이 조금 흘렀으니 한 번 뒤돌아보면서 정리한 다음 앞으로 갈 길에 대해 간략하게 보자는 것이다. 그런 의도를 갖고 서 북촌 답사를 떠나기 전에 이 '서울문화지'에 대한 전체 그림을 간략하게 보자.

이른바 "서울 문화지"를 쓰는 이유? 앞의 책에서도 간간히 언급했지만 서울 문화지 같은 책을 쓰는 의도는 아주 간단하다. 내가 일상적으로 다니는 지역에 대해 더 깊게 알고 싶은 마음과 그것을 주위와 나누고 싶은 마음 때문이다. 문화지라고 명명한 것은 이중환의 『택리지』 같은 책을 염두에 둔 것인데 내 능력으로는 그런 깊이있는 대작을 쓸 수는 없을 것이다. 이 작업을 통해 내가 하고 싶었던 것은 단지 외부 관망자의 입장이 아니라 좀 더 현장에 가까이 가서 살갑게 보자는 것이었다. 각 지역들이 지니고 있는 역사나 문화도 중요하지만 그곳에 사는 사람들의 이야기를 듣고 그것을 쓰고 싶었다. 그래서 능력이 닿는 대로 그 지역의 주민들과 대화를 시도했는데 그것이 얼마나 성공했는지는 잘 모르겠다.

이런 목적을 가지고 앞에서 말한 것처럼 나는 2개 지역, 즉 익선동과 동 북촌에 대한 답사기를 이미 썼다. 이번 책은 서 북촌을 다루고 있는데 북촌을 이렇게 동과 서로 나눈 것은 이 지역이 너무나 넓고 볼거리가 많기 때문이었다. 내가 누누이 밝혔지만 답사는 2시간 내지 2시간 반 이상 지속되면 힘들어진다. 다리만 아픈 게 아니라 허리까지 아파온다. 이것은 예외가 없었다. 처음에는 호기롭게 시작해 힘이 안 들 것 같은데 2시간이 지나면 슬금슬금 앉을 곳을 찾기 시작한다. 그러면 30분 내에 답사를 끝내는 것이 바람직하다. 이것은 수십 년의 경험에서 오는 '노하우'이다.

그런데 북촌은 2시간이나 2시간 반 만에 답사할 수 없다. 제대로 하려면 4시간 이상이 걸린다. 그래서 어쩔 수 없이 이 북촌을 둘로 나눌 수밖에 없었다. 그런 과정에서 『동 북촌 이야기』가 먼저 나왔고 이제 그 건너편에 있는 서 북촌에 대해 쓴 것인데 서 북촌을 쓰다 보니 이 지역도 한 번에 다 보는 것이 가능하지 않다는 것을 알게 되었다. 이 책은 서 북촌에 대한 두 권의 책 중 첫 번째 책이 된다.

언급할 필요를 그다지 느끼지 않지만 이 지역을 답사 대상 지역으로 선정한 이유는 간단하다. 이 지역은 경복궁과 창덕궁이라는 조선의 가장 중요한 두 궁 사이에 있는 지역이니 그곳에 얽혀 있는 이야기가 얼마나 풍부하고 많겠는가? 그래서 서울의 역사를 언급할라치면 이 지역은 항상 1순위로 떠오른다. 이 지역을 제대로 이해하고 그것에 기반을 두어 외곽으로 범위를 넓혀나가면 훌륭한 서울문화지가 완성될 것이라는 생각이다. 그러면 그 외곽에는 어떤 답사 후보지가 있을까? 이제부터 그것에 대해 보기로 하자.

서촌 빨리 보기   이 서 북촌 지역에 대한 답사가 끝나면 자연스럽게 우리는 그 옆 동네로 가게 된다. 그곳은 말할 것도 없이 서촌이다. 이곳에도 북촌만큼이나 역사가 많이 서려 있다. 사람들은 서촌 하면 대체로 시인인 이상이 살았던 집이나 통인시장, 효자동 빵집, 박노수 가옥, 그리고 수송동 계곡 등 정도만 알고 있는데 그 북쪽에도 볼 것이 꽤 있다. 특히 지금은 완전히 사라진 윤덕영의 벽수산장과 그것에 딸린 건물, 그리고 잔해들을 보는 재미도 쏠쏠하다. 이 벽수산장이 얼마나 큰 집이었는지는 전체 대지를 보면 알 수 있다. 대지가 2만 평이라니 대체 얼마나 큰 집인지 가늠하기조차 힘들다. 또 이완용의 집으로 추정되는

벽수산장의 소식을 전하는 당시 신문

벽수산장모형

영화 '서울의 휴일(1955)'에 찍힌 벽수산장

건물도 남아 있어 재미를 더 한다.

 그런가 하면 서촌의 경관이 가장 잘 보이는 서울 교회 앞마당도 빼놓을 수 없다. 이곳에서는 서촌만 보이는 것이 아니라 경복궁과 동십자각은 물론이고 북촌 일부도 보여 그 경관이 자못 삼삼하다. 이 서울 교회는 서촌 꼭대기에 있기 때문에 걸어 올라가려면 꽤 힘들다. 길이 아주 좁다. 차가 한 대만 갈 수 있는 길이라 추천하고 싶지 않다. 차로 올라가다가 다른 차를 만나면 피할 데가 없어 난감해진다. 그래서 그런지 일반 관광객들은 이런 곳이 있는 줄도 모른다. 그래서 이곳에는 사람들이 잘 오지 않는다.

 서촌을 경복궁역에서부터 훑으면 보통 수송동 계곡에서 끝나게 된다. 그렇게 해도 2시간 정도가 걸리기 때문에 이

수성동 계곡

계곡에 오면 힘들어서 마냥 쉬고 싶어진다. 윤덕영의 벽수
산장이 있었던 곳을 가려면 다시 언덕을 올라가야 하기 때
문에 엄두를 내지 못한다. 그러니 저 꼭대기에 있는 서울
교회 쪽으로 가는 것은 언감생심이다. 따라서 그쪽은 날을
달리 해서 따로 가야 한다. 북촌도 하루에 다 못 보듯이 서
촌도 자세히 보려고 하면 하루에 다 보지 못한다.

그런데 서촌 답사가 이것으로 끝나는 게 아니다. 서촌
바로 옆에는 사직단이 있기 때문이다. 답사를 사직단에서
시작하는 방법도 있다. 코스를 이렇게 잡으면 이것도 반나
절이 걸린다. 사직단은 아주 중요한 유적이니 여기서도 이
야기할 거리가 많다. 이 사직단의 정문이 보물이라는 것을

서울교회에서 바라본 전경

국립민속박물관 · 경회루 · 근정전

아는 사람은 아마 많지 않을 것이다. 그러니 이 문도 꼼꼼
히 살펴야 한다. 그렇게 하고 난 다음 사직단 안에 직접 들
어가 보고 이것저것 이야기하다 보면 보통 1시간은 훌쩍
간다. 이야기가 나와서 말이지만 사직단 안으로 들어가 본
사람이 몇이나 될지 모르지만 사직단은 밖에서 볼 때와 안
에서 볼 때가 다르기 때문에 꼭 들어가 볼 필요가 있다.

이른바 "서울문화지" 일람(一覽)하기

    그 다음에는 사직 공원을 거쳐 단군성전을 잠깐 보고 황
학정 활터로 향한다. 시간이 조금 더 있으면 택견의 명인
인 송덕기 옹이 택견을 수련했다는 터에도 가 볼 수 있다.
거기서 더 올라가면 길이 둘로 갈리는데 왼쪽으로 가면 국
사당 쪽으로 향하고 오른쪽으로 가면 서촌의 수송동 계곡
으로 내려가는 길이 나온다. 수송동 계곡 쪽을 향해서 가

사직단 내부

다보면 왼쪽에 인왕산으로 올라가는 등산로가 있다. 그리로 가면 인왕산 정상으로 갈 수 있다. 이렇게 길이 많이 갈라져 있어 미리 코스를 작정하고 나와야지 현장에 와서 코스를 정하는 것은 바람직하지 않다. 하루에 이 가운데 한 코스만 갈 수 있기 때문에 미리 정하고 나와야 허탕을 치지 않을 것이다.

우리는 서촌으로 향해야 하니 수송동 계곡 쪽으로 가야 한다. 이 큰 길에서 수송동 계곡 쪽으로 내려가는 길도 꽤 좋다. 그렇게 해서 계곡까지 내려오면 힘들기 때문에 자연스럽게 돌다리(기린교) 앞에서 쉬게 된다. 그곳에는 공터가 있고 의자가 있어 쉬기에 아주 좋다. 그렇게 쉰 다음

힘이 남으면 그곳부터 서촌 답사를 다시 할 수 있다. 그런데 실제로 해보니 무리였다. 그곳부터 경복궁 역 쪽까지에는 유적들이 즐비하기 때문에 지친 몸을 이끌고 그 유적들을 다 보는 일이 결코 쉽지 않았다. 그래서 보통은 마을버스를 타고 경복궁역으로 나와 식당으로 향하기가 일쑤였다.

이 계곡 아래에 있는 서촌 지역은 다른 날을 잡아 경복궁 역 근처부터 훑어오는 게 좋겠다. 그렇게 올라 오면 완전히 다른 코스가 된다. 지금 여기서 구체적인 일정을 이야기할 필요는 없겠지만 대체로 다음과 같은 여정이 가능할 것이다. 보안여관 근처에서 시작해서 백송 터, 이상의 집, 홍건익 가옥, 이상범 집터, 대오 서점, 통인 시장, 이완용 집터, 박노수 미술관, 티베트 박물관, 그리고 마지막으로 수송동 계곡을 훑는 코스가 그것이다. 이에 대한 자세한 것은 이 지역에 대한 답사지를 쓸 때 구체적으로 보기로 하자.

인왕산 주변 코스   서촌 답사를 끝내면 그 다음 답사 지역은 바로 옆이 되어야 한다. 그럴 때 가장 먼저 만나는 곳이 인왕산 인근이다. 이 코스도 아주 좋다. 이 코스를 갈 때에는 보통 서울역사 박물관 앞에서 만난다. 시간이 있는 사람은 조금 일찍 와서 박물관 안을 둘러보아도 좋지만 이 코스에는 인왕산 등반이 있기 때문에 체력을 비축하는 것이 좋다.

이 코스에서는 경희궁에 대한 이야기부터 시작하는데 그 정문인 흥화문을 비롯해서 이곳에도 이야기 거리가 꽤 많다. 그렇게 이야기하다 보면 경희궁 안으로 들어가고 싶은 마음이 생긴다. 그런데 그렇게 가고 싶은 데를 다 들리면 계획한 답사를 마칠 수 없기 때문에 참아야 한다. 이 경희궁 답사는 따로 시간을 내서 별도의 코스로 와야 하는데 이때에는 오기 전에 경희궁에 대해 충분히 공부하고 오는 것이 좋다. 다시 말해 경희궁 답사는 단품 답사로 오라는 것이다.

우리는 경희궁으로 향하는 마음을 접고 경교장을 향해 가자. 이곳은 잘 알려진 것처럼 김구 주석이 '주석'하고 있었고 암살당한 곳이니 이야기 거리가 얼마나 많겠는가? 따라서 경교장을 꼼꼼하게 보다 보면 시간이 생각보다 훨씬 지체된다. 내부가 완전하게 복원되어 있어 여러 가지로 볼 게 많기 때문이다. 그래서 경교장은 미리 시간을 정해 놓고 보는 것이 좋다. 그 다음은 인왕산의 한양 성곽을 따라 조금 올라가면 만나는 홍난파 가옥이다. 여기서 우리는 난파의 음악 세계를 살펴 볼 수 있는데 그곳에 정주하고 있는 해설사의 설명을 다 들으려면 시간이 생각보다 많이 간다. 그래서 미리 시간을 정해 놓고 설명을 해달라고 부탁하는 게 좋다.

다음 장소는 딜쿠샤라는 기이한 이름으로 불리는 집으로 이 집은 홍난파 가옥에서 2~3분이면 닿는 지척에 있다. 이 가옥은 3.1운동을 해외에 처음으로 알린 미국 기자 태일러가 살던 집으로 유명하다. 그 다음으로는 딜쿠샤 집에서 인왕산 올라가는 길을 찾아야 하는데 이 길은 아는 사람의 안내를 받지 않으면 찾기 힘들다. 사정이 그러하니 여기서 그것을 말로 표현하기 힘들다. 길 같지 않은 곳으로 가야 하기 때문이다. 또 밖으로 나간 다음에도 다음 목적지인 국사당으로 가는 길을 찾기가 쉽지 않다. 아니 처음 가는 사람들은 결코 국사당을 찾지 못할 것이다.

이 길에 대해서는 이 지역을 다룰 때 자세하게 설명하기로 하고 여기서는 국사당에 도착했다고 하자. 국사당에 가면 당연히 우리 무교(巫敎)에 대해서 많은 이야기를 할 수 있다. 또 재수 좋으면 진짜 굿 하는 것을 볼 수도 있다. 그 다음은 선바위와 마애불인데 선바위는 그래도 조금 알려져 있지만 이곳에 마애불이 있다는 것을 아는 사람은 아마 거의 없을 것이다. 선바위 밑에는 아주 재미있게 생긴 마애불이 하나 있는데 그 가는 길이 복잡해 일반 답사객들이

선바위

찾아가기란 쉽지 않다. 그러나 민속문화에 관심 있는 사람
이라면 꼭 가보면 좋겠다.

　일반 답사객들이 가지 않는 곳이 하나 더 있다. 선바위
를 끼고 산 쪽으로 더 올라가면 아주 전망 좋은 곳이 나온
다. 안산을 비롯해 서대문 형무소나 독립문이 모두 내려다
보이는 곳이라 전망이 시쳇말로 끝내준다. 전망이 더 좋은
곳은 그곳에서 조금 더 올라가면 나온다. 그곳에는 기이
하게 생긴 바위도 있고 볼만한 것이 꽤 있다. 그러나 전망
이 좋다고 그곳에 오래 있을 수는 없다. 우리는 다시 국사
당으로 내려와 이번에는 서울 성벽 쪽으로 가야 하는데 이
길을 찾는 일도 그리 쉽지는 않다.

선바위 밑에 있는 마애불

선바위 위에서 본 경관

인왕산에서 보이는 경복궁과 그 주변

　어떻든 성벽으로 오면 이곳부터 본격적인 인왕산 등반
이 시작되는데 계단 길이라 꽤 힘들다. 그러나 범바위라고
불리는 바위까지 가면 절경을 감상할 수 있다. 그곳에서는
특히 경복궁이 한 눈에 들어와 아주 좋다. 경복궁을 이렇
게 서쪽에서, 그것도 산 위에서 볼 수 있는 곳은 이곳이 유
일한데 그 경치가 그야말로 최고이다. 거기서 다시 내려가
는 길로 조금만 더 가면 오른쪽으로 내려가는 길이 있는데
대부분은 이 길을 따라 내려오게 된다. 그곳에서 위로 보
면 인왕산 정상이 보이는데 힘이 들어 차마 갈 마음을 내
지 못한다. 그래서 가지 못하는 경우가 태반이다.

　그런데 만일 인왕산 정상으로 올라가기로 결정하면 그

날 답사 코스는 완전히 달라진다. 정상에서 구기동 쪽으로 내처 가서 자하문을 만나면 답사가 끝나기 때문이다. 우리가 원래 가려고 했던 곳은 수송동 계곡이니 답사의 종착지가 완전히 달라지는 것이다. 그러나 원래 코스로 가려면 하산 길을 재촉해야 한다. 이 하산 길은 약 20분에 걸쳐서 지속되는데 꽤 힘든 길이다. 이 길은 내려오는 길인데도 험해 힘이 많이 든다. 나는 이제는 나이가 조금 들어서인지 이 길은 피하고 싶은 마음이 든다. 당최 무릎이 체중을 견디지 못하기 때문이다. 그렇게 내려오면 수송동 계곡을 만나게 되는데 이때에는 백이면 백 마을버스를 타고 경복궁역으로 간다. 너무 힘들어 서촌을 횡단할 여력이 없기 때문이다. 이 이야기는 앞에서 이미 했다.

그 다음으로 갈 수 있는 곳들은? - 종묘와 성균관, 그리고 성북동
이 답사까지 마치면 경복궁과 창덕궁을 둘러싼 서울 역사지구에 대한 답사는 웬만큼 한 것이 된다. 북촌과 서촌 일대를 다 둘러보았기 때문이다. 사실 덕수궁을 중심으로 환구단이나 성공회 성당, 러시아 공사관 등도 있는데 그것은 완전히 다른 코스로 잡아서 가야 할 것이다.

이런 식으로 시내 중심부에 대한 답사가 끝나면 그 다음에는 외곽지역으로 나가야 한다. 조선조에서 궁궐에 버금

명륜당이 들어 있는 천 원짜리 지폐

가는 중요성을 가진 곳은 종묘라고 할 수 있다. 따라서 우리도 종묘와 그 일대를 다녀보아야 한다. 경복궁과 창덕궁 일대를 다 보았으니 다음으로는 종묘로 가는 게 맞다. 그런데 이 지역은 종묘를 제외하고 그다지 갈 곳이 많지 않다. 근대 유산으로 세운상가 정도가 있을 뿐이다. 그리고 나는 수년 전에 제자인 송혜나 교수와 함께 『종묘대제』라는 책을 함께 썼기 때문에 이 종묘에 대해 더 설명할 필요를 느끼지 못한다. 이 책에는 종묘의 건물부터 제례까지 모든 것이 설명되어 있다.

종묘에서 더 외곽 지역으로 빠지면 성균관이 있다. 이곳은 조선 시대에 국립대학과 같은 역할을 했으니 매우 중요

성락원의 가을

한 유적임을 알 수 있다. 천 원짜리 지폐에 이 성균관에 있
는 명륜당이 들어가 있을 정도로 성균관은 중요한 유적이
다(그러나 지폐와 관련되어 있는 이 사실을 아는 사람은 많지 않
을 것이다). 성균관은 대단히 중요한 유적이지만 그것만 가
지고 2~3 시간을 볼 수 없기 때문에 개별 답사 코스로는
잘 선정하지 않는다. 성균관 주변에 볼거리가 좀 더 있다
면 같이 엮어서 훌륭한 답사지를 만들어낼 수 있는데 이곳
에는 그럴 만한 게 없다.

이 성균관을 성북동과 연관해서 가는 방법이 있기는 한
데 그 거리가 조금 떨어져 있어 잘 연계하지 않는다. 성북
동 지역은 나름대로 답사지가 많은 곳이라 이곳은 단일 코

스로 가는 것이 좋다. 이곳에는 우리가 잘 알고 있는 간송 미술관도 있고 최순우 옛집도 있으며 이태준이 살았던 수 연산방, 만해의 집인 심우장도 있다. 또 일반에는 잘 알려 지지 않은 성락원도 있어서 이것들을 다 보면 2~3시간이 족히 걸린다. 성락원은 조선의 왕실이나 사대부 정원이 남 아 있는 매우 진귀한 곳인데 일반에게 개방되어 있지 않아 담 너머로만 볼 수 있을 뿐이다. 그래서 어떻든 이 성북동 은 자체 코스로 오지 다른 코스와 연계해서 오지 않는 편 이 좋다. 또 여기는 갈 만한 식당도 많아 따로 가는 게 좋다.

낙산 공원과 창신동 일원   종묘나 성균관, 성북동 등에 대 한 답사가 끝나면 그 다음에 가야할 곳은 낙산공원과 창신 동 일원이다. 여기에는 정말로 볼 게 많다. 또 택할 수 있는 코스도 많다. 많은 경우 나는 동대문 앞에서 시작해서 한 양도성 박물관을 거쳐 성벽을 따라 올라가는 길을 택한다. 그러면 이화동 벽화마을이 나오는데 이곳은 지금 많이 변 모하여 이전과 모습이 아주 달라졌다. 그래서 들려야 할지 말지는 그때 가서 보아야 할 것이다.

어떻든 그 길로 계속해서 올라가면 곧 낙산 공원이 나오 는데 여기서 보는 북악산이나 북한산 일원은 그야말로 절 경이다. 인왕산에서 볼 때와 완전히 다른 모습을 보인다.

낙산공원에서 바라본 북한산 일원

낙산 공원서도 할 이야기가 많다. 답사를 거기서 끝내면 그곳에서 충분히 시간을 가지면 된다. 그렇지 않고 창신동 쪽으로 내려가야 한다면 그곳에 그리 오래 머물 수 없다. 사실은 성곽 밑에 있는 장수 마을에도 가야 하는데 그곳은 남은 일정 때문에 제대로 내려가 보지 못했다. 이 마을은 마지막 남은 달동네라는 설이 있는데 재개발 건 때문에 어수선한 것 같다. 어떻든 이곳도 따로 날을 잡아 단독으로 와야 할 것 같다.

이제부터 창신동 봉제 공장 지역을 향해 내려가는데 길이 꽤 가파르다. 여기서는 골목골목들을 다 돌아다녀야 하는데 시간이 많지 않으니 잘 선별해서 다녀야 한다. 이곳

에서 절경 중의 하나는 절벽 같은 곳에 집을 지어놓은 것
이다. 흡사 영화에 나오는 난공불락의 요새 같다. 또 채석
장이 있던 터도 멀리 보인다.

그렇게 내려오면서 보면 주위에 봉제 공장들이 가득한
것을 알 수 있다. 공장이라고는 하지만 가내 수공업 정도
의 수준이다. 이런 공장들이 3천 개가 있다는 설이 있지
만 정확한 숫자는 모른다. 좌우간 이 봉재 공장 덕에 동대
문 패션 타운이 돌아간다고 하니 놀라운 일이다. 이 많은
작은 공장에서 옷을 만들어내면 오토바이들이 연신 그것
을 동대문에 있는 그 많은 가게들로 배달해준다. 여기에는
'봉제거리 박물관'라는 것까지 있어 이곳의 역사를 쉽게
알 수 있다. 또 요즘에는 도시재생 사업이 한창 벌어지고
있어 문화적으로 다양한 장소들이 수혈되고 있다. 그래서
거리가 활발한 느낌을 준다.

그렇게 내려오다 보면 '안양암'이라는 절이 나온다. 이
절은 암자라고 하지만 규모가 상당히 커서 절이라고 해도
문제없겠다. 그런데 조금 색다른 절처럼 보인다. 이 절 안
에 마애불이 두 개나 있으니 말이다. 그 외에 일제식민기
에 관련된 유물이나 흔적들도 있다. 이 절은 원래 상당히
큰 절이었을 텐데 지금은 많이 쇠락(衰落)해 있다. 그러나
아주 재미있는 곳이라 이 근처에 가면 반드시 들린다.

안양암 관세음보살 마애불상

안양암 관음전 닷집
(이 안에 위의 불상이 있다)

그곳에서 큰 사거리로 나오면 백남준이 살았던 집이 가까운 곳에 있는데 지금은 그 근처에 "백남준 기념관"을 지어놓았다. 이 기념관에 가면 백남준이 이 근처 거리에서 퍼포먼스를 한 영상을 볼 수 있다. 갓을 쓰고 한복을 입고 지게를 지고 거리를 왔다 갔다 하는 영상인데 이것은 바로 이곳에서 촬영한 것이다. 이 동네에 있는 한옥들을 보면 북촌이나 서촌에 있는 것과는 달리 꽤 큰 것들이 많은 것을 알 수 있다. 이 집들도 정세권이 지은 것일 것이다. 자세한 사정은 알지 못하지만 이 지역은 시내보다 택지 조성이 어렵지 않아 집을 크게 지은 것 아닌지 모르겠다.

이 동네에는 한옥만 많은 것이 아니다. 상당히 오래된 아파트도 있다. 지어진 지 50년 이상이 되는 아파트가 있는데 동대문 아파트가 그것이다. 이 아파트에 대해서는 전권인 『익선동 이야기』에서 낙원 아파트를 설명하면서 잠깐 보았다. 그 생긴 것이 낙원 아파트와 똑 닮은 것을 알 수 있다. 가운데를 비워놓은 상태로 ㅁ 자로 아파트를 지은 것이 그렇다. 다른 것이 있다면 낙원 아파트는 이 가운데 공간에 지붕을 덮어 바깥과 차단했지만 이 아파트는 지붕을 덮지 않아 노천에 그대로 노출되어 있다. 그런 면에서 이 아파트는 이 건물을 처음 설계할 때의 콘셉트에 충실하고 있음을 알 수 있다.

동묘 입구

이 아파트 옆에 지나칠 수 없는 유적이 또 있다. 바로 동묘가 그것이다. 동묘는 이전에는 별로 알려지지 않은 유적이었는데 지금은 지하철역이 있어 사람들이 어쩔 수 없이 알게 되었다. 관우를 모시고 있는 동묘에 대해서는 잘 알려져 있으니 별 다른 설명을 필요로 하지 않는다. 아마 이 건물은 남한에 있는 전통 건물 가운데 유일한 명나라 식의 건물일 것이다. 그런데 이 사당 안으로 들어갈 수 없어 모셔져 있는 관우를 볼 수 없으니 건물만 보는 수밖에 없다. 이 관우를 모시고 있는 건물은 한옥 전통에서는 결코 볼 수 없는 아주 독특한 건물이다. 이렇게 다니다 보면 어느 한 유적도 소홀히 할 수 없는 것을 절감한다. 어서 서울문

동묘에 모셔져 있는 관우상

화지의 집필을 재촉해 이곳을 다루었으면 하는 마음이다.

동묘도 동묘지만 그 앞에 펼쳐진 벼룩시장도 아주 재미있다. 내가 1990년대에 이곳을 다닐 때에는 이런 시장이 없었다. 그런데 언제인가 시장이 생겨났는데 이곳에 왜 이런 시장이 생겼는지는 잘 모른다. 그것은 이 지역을 심층 답사할 때 알아보아야 할 것이다. 이렇게 꼼꼼하게 보기 시작하면 짐작할 수 있듯이 이 지역도 한 번에 보는 것이 불가능하다. 지금 추측해보건대 아마 이 지역도 낙산 공원 지역과 창신동 지역으로 나누어 보아야 할 것이다.

여기까지 보면 사대문 안이나 그 근방에 있는 서울의 유적에 대한 답사는 대충 마친 셈이다. 이곳들에 대해서는 천천히 하나씩 단행본으로 소개할 터인데 이렇게 앞으로 갈 지역을 간단하게나마 소개하는 것은 나름의 이유가 있다고 했다. 지금부터 우리가 보게 될 서 북촌이 그 전체 여정에서 어떤 위치에 있나 보기 위함이다. 이 지역들은 모두 어떤 식으로든 연결되어 있어 한 지역만 보면 전체적인 맥락을 잃을 것 같아 이렇게 소개해 본 것이다. 그런 생각을 염두에 두고 이제 서서히 서 북촌을 향해 떠나보자.

최준식 교수의
서울문화지

서西북촌
이야기

上

본
설

서 북촌은 어디를 말함인가?

앞에서도 보았지만 서 북촌, 그러니까 서쪽 북촌은 북촌로에서 경복궁 동편까지를 지칭하는 지역이다. 이 지역의 간단한 역사에 대해서는 전 권에서 동 북촌을 설명하면서 이미 살펴보았으니 다시 자세하게 볼 필요는 없겠다. 그러나 이 책을 처음 읽는 독자를 위해 아주 간단하게만 보면, 이 지역은 잘 알려져 있는 것처럼 분명 조선 후기에 궁에서 직책을 맡은 귀족들이 많이 살았던 곳이다. 서울시 자료에 따르면 1906년의 호적 자료에 이 지역에 거주하는 인구 중 양반과 관료가 약 44%에 달했다고 하니 분명 '권문세가'가 많이 살았다고 할 수 있을 것이다.

그런데 동 북촌 기행을 할 때에 설명한 것처럼 이 지역에 있는 집 가운데 진짜 권문세가가 살던 집은 딱 1채밖에 남아 있지 않다. 예상할 수 있는 것처럼 윤보선 가가 그것이다. 백인제 가옥이나 한 씨 가옥도 있지만 그것은 조선 사대부들이 짓고 살았던 집이 아니다. 이 두 집은 일제식민기에 유명한 친일파인 한상용이 일본식과 한옥 양식을 섞어 만든 퓨전 한옥이다. 그래서 정통 한옥이라고 할 수 없다. 사정이 이렇게 되니 이 넓은 북촌에 진짜 사대부집은 윤보선 가 하나만 남는 것이다.

북촌에 대한 내력은 이미 많이 알려져 있지만 독자들의 이해를 위해 다시 한 번 잠깐 살펴보자. 우선 확실하게 말할 수 있는 것은 조선 후기에 이 지역은 지금과 많이 달랐을 것이라는 것이다. 지금은 이 지역이 작은 한옥들로 뒤덮여 있지만 당시는 윤보선 가 같은 큰 집들이 많았을 것이다. 그러니까 동네 분위기가 지금과는 사뭇 달랐을 것이다. 그러다 나라가 망하니 그 지역에 살던 사대부들이 더 이상 그곳에 있을 필요가 없어 집을 팔고 그 지역을 떠났다.

그런데 일제식민기 초에 사람들이 서울(경성)로 모여들어 서울에 주택이 모자라게 되었다. 이 수요에 부응해서 민간 주택건설회사들이 설립되었고 이들에 의해 '구획형 개발'이 시작되었다. 이 일은 1910년대에 이미 시작됐는데 정세권도 1920년대 이후에 이 일에 본격적으로 뛰어든다. 구획형 개발이란 말 그대로 대지를 나누어서 개발하는 것을 말한다. 앞에서 우리는 사대부들이 자신들이 살던 '고대광실'을 두고 모두 떠났다고 했다. 이때 주택업자들은 사대부들이 남기고 간 중대형 필지를 구입한 다음 잘게 나누어 그 대지에 작은 집을 지은 것이다. 이 서 북촌의 가회동이나 삼청동 일대는 대표적인 한옥 밀집지역인데 이것이 정세권의 작품이라는 것은 잘 알려져 있다. 이에 대한 자세한 사정은 내가 익선동을 다룬 이전 책에서 많이 다루었으니 여기서는 재론할 필요 없겠다.

지금의 북촌은 이때부터 형성되어 온 것인데 1960년대나 1970년대까지 이 지역은 학교나 공공시설을 제외하고 이런 작은 한옥들로 채워져 있었다. 이 사실과 관련해 나는 공연히 억울한 생각이 든다. 왜냐하면 나도 이 지역을 1968년부터 1973년까지 6년간을 매일 다녔는데 도대체 여기에 어떤 한옥이 있었는지 아무 생각도 나지 않기 때문이다. 당시 나는 지금 정독도서관으로 되어 있는 학교(경기고교)를 중고교 합해서 6년간이나 다녔으니 서(西) 북촌의 중심을 꿰뚫고 다닌 것이 된다.

그때 다녔던 동선(動線)을 구체적으로 보면, 우선 학교를 가기 위해 버스를 내리는 곳이 조계사 건너편 쯤 되었다. 그때 그곳을 지나는 버스 노선은 2~3개에 불과했다. 이때의 버스에 대해서도 이야기가 참으로 많다. 특히 앳된 버스 차장과 얽힌 이야기가 많다. 이 여성들의 초인적인 힘은 놀라울 지경이다. 그 많은 사람을 버스에 태우고 문에 대롱대롱 매달려 가다가 반드시 버스 문을 닫아 내는 그 모습은 해외토픽 감이었다. '조국근대화'의 힘찬 모습은 바로 이런 여성들에게서 시작되었을 것이다. 이 여성들은 자신들이 잘 먹고 잘 살려고 이런 힘든 일을 하는 게 아니었다. 그들은 시골에 있는 남동생들을 공부시키려고 이런 일에 뛰어 들었다. 이렇게 공부한 남자들은 산업역군이 되어 나라를 부강하게 만들었다. 그러니 이 여성 차장들의 역할이 얼마나 컸는지 알 수 있지 않을까?

여차장 이야기는 각설하고, 이 버스 정거장 건너편에 있던 조계사에 대해서도 할 말이 많다. 사실 당시에 조계사는 우리에게 별 의미가 없는 절이었다. 그냥 시내에 절이 하나 있구나 정도로만 인식했다고나 할까? 그럴 수밖에 없는 것이 절의 규모가 아주 작았기 때문이다. 절로 들어가는 골목도 차 한대가 간신히 들어갈 정도였고 절 건물도 3~4동에 불과했던 것으로 기억한다. 그리고 절의 주변은 민가들로 촘촘히 둘러싸여 있어 절의 규모가 왜소했다. 지금과는 사뭇 다른 모습이었다. 그래서 그곳에 들어가 보는 일은 거의 없었다.

조계사가 지금처럼 커지기 시작한 것은 그보다 한참 뒤의 일인데 이 절에 대해서는 이 책의 맨 끝에 잠깐 소개해 놓았다. 이 절은 생긴지 100년도 안 되는 '어린' 절이지만 조계종의 총본부이니 이 절에 대해서 기본적인 사실은 알아두는 게 좋을 것이라는 판단 아래 포함시켜 놓은 것이다. 이 절에 대한 자세한 설명은 그때로 미루고 우리는 갈 길을 가보자.

정독도서관 가는 길과 도서관 앞에서　당시 나는 이처럼 조계사 앞에서 버스를 내려 풍문여고 쪽으로 갔는데 그때에는 이 안국동 로터리 길이 이렇게 넓지 않았던 것 같다. 그것만 생각나지 더 이상은 아무 기억도 나지 않는다. 굳이 기억을 되살려본다면 인사동 입구에 김영삼이 이끌고 있던 신민당 당사가 있던 것 정도이다. 어떻든 당시 나는 매일 풍문여고 앞에서 감고당 길을 따라 덕성여고 앞을 지나 정독도서관 쪽으로 갔으니 북촌의 중심길 가운데 하나를 따라 올라간 것이다.

그때 그 길은 참으로 을씨년스러웠다. 길 양쪽에 담밖에 없었기 때문이다. 그때에는 여기에 왜 담밖에 없었는지에 대해 아무런 의문도 갖지 않았다. 이 길은 지금은 담도 낮아지고 꽃도 심어놓아서 걷기에 꽤 괜찮은 길이 되었다. 그러나 내가 1960년대 후반에 학교를 가면서 이 길을 걸을 때는 아주 지긋지긋한 길이었다. 양쪽이 높은 담으로 꽉 막혀 있는 길을 까만 교복에 검은 모자를 쓴 어린 아이들이 무리를 지어 지나간다면 그게 어떻게 보였을까?

그때 중고등학생들이 입던 교복(동복)은 일제 때 군인들이 입던 군복 같은 것이었다. 요즘은 이런 교복을 입는 학교가 하나도 없지만 당시에는 모든 중고생이 이런 교복을 입었다. 나는 그 꼴을 어느 책(『왜—인간의 의식, 죽음, 그리고 미래』)에선가 물에 빠진 쥐새끼들 같다고 표현했다. 군대 병영 같은 군국주의적인 학교에 군복 같은 교복을 입고 줄줄이 가는 모습은 혐오스럽기 짝이 없었다. 그때에는 학교가 마치 군대 같았다.

그 길이 더 을씨년스러운 것은 담만 있었기 때문이었다. 특히 그 골목에 들어서자마자 왼쪽으로 있는 돌담은 굉장히 높았다. 이 담은 지금도 있다. 당시 이곳을 지나다닐 때에는 이 담 안에 무엇이 있는지 몰랐다. 아니 그때에는 그런 것에 전혀 관심이 없었다. 이 담이나 이 담 너머에 있는 건물들의 정체를 안 것은 내가 그 바로 옆에 '한국문화중심'이라는 문화공간을 만든 다음이었다. 이 사정에 대해서는 졸저 『한국문화의 몰락』(주류성, 2017)에 자세히 적었으니 그걸 참고하면 되겠다.

거두절미하고 이곳은 최근까지 미국 대사관 직원 숙소로 쓰였던 곳이다. 그러다가 현재는 한진그룹의 소유로 되어 있는데 앞으로 이 회사는 이곳에다 한국 문화가 가미된 복합문화공간을 만든다고 알려져 있다. 원래는 여기에 최고급 호텔을 지으려고 했는데 그게 심의에 통과되지 못했던 모양이다. 이유는 바로 주위에 학교가 있었기 때문이란다(그런데 문화공간이든 호텔이든 계획대로라면 벌써 착공을 했어야 하는데 아직도 안 된 것은 회사 내에 생긴 여러 문제 때문인

전 미대사관 직원 숙소 담에 막혀 답답한 인도

것 같다). 그건 그렇고 내가 이 부지의 정체를 알고 놀라고
분개한 것은 어떻게 이 땅값 비싼 시내 한복판에 일개의
나라에 불과(?)한 미국 대사관의 직원 숙소가 있을 수 있느
냐는 것이었다. 그것도 그들의 보안을 위해 담을 다른 어
떤 건물보다도 높게 쌓아놓고 말이다.

　그렇게 담을 높게 쌓아놓았기 때문에 그 주변의 인도를
걸을 때에는 뒤에 있는 인왕산이나 백악산 같은 산들이 전
혀 보이지 않는다. 만일 여기에 담이 없었다면 인왕산이나
백악산이 잘 보였을 텐데 말이다. 그래서 답답하기 짝이
없다. 이곳을 지나는 사람들은 이러한 사정을 거의 모른
다. 그래서 이 담을 없애면 이곳이 얼마나 걷기에 쾌적해

질지에 대해 알지 못한다. 이런 것 정도, 즉 이 담의 높이를 낮추는 것 정도는 서울시가 개입하면 개선이 가능할 것 같은데 왜 그 일이 안 되고 있는지는 잘 모르겠다.

그렇지만 골목 안의 사정은 이전보다 훨씬 나아졌다. 앞에서 말한 것처럼 길이 훨씬 쾌적해졌다. 이전에는 덕성여고도 학교 안이 전혀 보이지 않게 높은 담을 쳐놓았다. 그래서 그곳을 지나가는 게 부담스러웠다. 그에 비해 지금은 담이 낮아졌을 뿐만 아니라 뚫려 있는 펜스 같은 것을 만들어 놓아 안이 다 보인다. 그러니 걸어다녀도 위화감이 들지 않는다. 이런 것을 보면 한국인들의 조경 수준이 많이 좋아진 것을 느낀다. 나중에 다시 언급하지만 덕성여고 자리는 이전에 인현왕후나 명성황후가 살았던 감고당이라는 건물이 있던 곳이다. 그래서 이 길을 감고당 길이라고 하는 것인데 당시에는 이런 이야기를 해주는 사람이 하나도 없었다. 이 길의 역사에 대해 제대로 안 것은 이렇게 이곳을 학생들과 답사한 뒤의 일이었다. 이에 대해서는 나중에 다시 자세하게 다룰 것이다.

길을 올라가다 보면 이전에 있었던 가게들이 생각나지만 그것들은 모두 없어졌다. 그 가게들에 대해서는 나중에 답사를 마칠 때 이 길로 내려오면서 잠시 언급할 것이다. 그런데 이 근처에서 발견되는 가게 중에 그 역사가 50년

정독도서관 앞 천수편의점

이상은 되었을 가게가 있으니 그것은 거론할 만하겠다. 그
것은 정독도서관 바로 앞에 있는 '천수편의점'이라는 작은
가게이다. 이 가게는 내가 중학교 다니던 1960대 말에도
있었으니 적어도 50년은 된 것이다. 그때는 문방구였는데
지금도 그 주인의 얼굴이 생각난다.

　이 가게를 지목하는 것은 문방구 같은 일개의 작은 가게
가 이렇게 꽤 긴 역사를 갖고 있는 것이 신기하기 때문이
다. 이 근처에는 이 가게 빼고 이전 것이 하나도 남아 있지
않은데 이 가게가 남아 있으니 신기한 것이다. 이 가게가
망하지 않은 이유는 아마도 이곳이 목이 좋기 때문일 것
이다. 이 가게는 북촌에서 가장 번화한 곳 중의 한 곳에 있

을 뿐만 아니라 근처에는 이런 가게가 없으니 없어질 이유
가 없는 것이다. 정독도서관이 있으니 이곳을 지나가는 유
동 인구가 많을텐데 그들은 모두 이 가게의 잠재적인 손님
이 될 것이다. 그러니 이 가게가 목이 아주 좋은 데에 있다
고 한 것이다. 게다가 근처에는 유사 가게가 없으니 손님
을 독점할 수 있어 이 가게의 가치가 더 높아졌을 것이다.
이것이 이 가게가 장수하는 비결이라 하겠다.

한국 중고교는 흑역사(?)의 시작　이곳에 오면 항상 학생들
에게 하는 이야기가 있다. 다른 사람들은 고등학교 같은
학창 시절에 좋은 추억을 많이 갖고 있다고 할지 모르지만
나는 절대로 그렇지 않다는 것이다. 그저 좋지 않은 게 아
니라 '지긋지긋'하다고 했는데 그 이유는 이런 것이다. 나
는 군대처럼 자율이 없고 근거 없는 권위가 횡행하는 사회
는 딱 질색이다. 그런데 한국의 중고교는 군대 정도까지는
아니지만 비슷한 원리로 돌아가는 사회라 전혀 좋아할 수
가 없다. 그렇지 않은가? 지금은 많이 달라졌지만 이전에
는 일제식민기에 입던 군복 같은 것을 입히고 군사훈련도
하게 하는 등 학급이 군대식으로 돌아가지 않았는가?
그런 모습은 이 학교 대문을 들어갈 때부터 시작된다.
나는 이 도서관의 입구에서 제자들에게 내가 이 학교를 6

년 간 다니면서 등교할 때 겪었던 이야기를 해준다. 대문을 들어서면 선도부(우리 때는 규율부라고 불렀다) 아이들이 언덕 양쪽에 늘어서서 감시의 눈을 부라리고 있다. 우리의 복장에 작은 하자라도 있으면 불러다 야단을 치려고 작정한 아이들이다. 그런 사이를 거수경례를 하며 들어가면 맨 뒤에는 학생지도과 선생이 또 눈을 부라리고 있다. 그도 역시 우리들의 옷차림 등에서 잘못된 게 있나 감시하고 있는 것이다. 조금이라도 잘못된 애가 있으면 바로 불러 '빠따'를 치던지 푸쉬업을 시킨다. 이러니 이게 군대가 아니고 무엇이겠는가? 아침부터 기를 팍 죽이고 시작하니 학교가 학교가 아닌 것이다.

그리고 공부도 마찬가지이다. 이때의 공부에는 자율적인 것이 하나도 없었다. 배우는 과목은 아침부터 저녁까지 다 정해져 있었다. 시간표에 다 나와 있기 때문에 예외가 없다. 그 시간표도 학생들이 참여해 만드는 게 아니라 선생들이 임의로 만든다. 그래서 그것을 그냥 그대로 따라야지 자율이란 있을 수 없다. 그렇다고 배우는 게 재미있었던 것도 아니었다. 과장이 아주 조금 있지만 대부분 쓸데없는 것만 배웠다. 중·고등학교에서 배운 것 중 평생 써먹는 것은 몇 안 된다.

또 선생들의 수준도 한참 떨어졌고 그렇게 권위적일 수

없었다. 그들은 학생들을 인격으로 대하는 것이 아니라 지배나 통제의 대상으로만 생각했다. 또 편애가 심했다. 어떤 선생은 정말 최악이었는데 문제는 그런 선생들이 꽤 많았다는 것이다. 이런 환경에서 6년간을 지냈으니 그런 데를 어떻게 좋아할 수 있겠는가? 내가 이렇게 말하면 학생들은 별 관심이 없다는 표정이다. 자기들은 전혀 겪어보지 못한 세계라 공감이 안 되는 모양이다. 하기야 40~50년 전에 남자 고등학교에서 일어난 일에 관심이 갈 리가 없지 않은가?

이제 푸념은 그만 하고 서 북촌 안으로 들어가자. 서 북촌을 답사하는 코스는 여러 가지가 가능한데 크게 보아 대체로 두 가지 코스로 정리할 수 있다. 이 두 코스는 시작 지점이 다르다. 우리가 이 책에서 소개하는 코스는 짧은 코스로 시간이 얼마 없을 때 택할 수 있는 코스이다. 이 코스는 빠르게 움직이면 30분 정도면 충분한데 각 유적을 심도 있게 충분히 보려고 한다면 2시간 이상이 걸릴 수도 있다. 나는 이 책에서 가능한 한 많은 정보를 제공할 것이다. 독자들은 이것을 가지고 시간을 조절하면서 답사를 한다면 짧은 시간 안에 이 지역을 주파할 수 있을 것이다. 우리가 앞으로 볼 지역은 서 북촌에서도 서쪽에 해당되는 지역이다. 그러니까 경복궁 쪽에 연해 있는 지역이라는 것이다. 이것은 여기에 제시되어 있는 지도를 보면 알 수 있다.

이 지역은 서 북촌의 반에 해당되는 지역이다. 다른 반, 즉 서 북촌의 동쪽 지역은 다음 권에서 다룰 것이다. 그 답사는 지하철 안국역 1번 출입구에서 시작하는데 주요 답사지로는 윤보선 고택, 백인제 가, 이준구 가, 북촌한옥길 등이 포함된다. 이 유적들에 대한 설명도 한 권의 분량이 될 터인데 그것은 그때 가서 보기로 하고 우리는 북촌의 짧은 답사를 시작하자.

서 북촌 코스 일람표

동십자각 → 한국문화중심 → 법련사 → 두가헌(엄비 가옥) → 국립현대미술관 서울관 → 종친부 → 소격서 터 → 복정 우물 터 → 코리아 게스트하우스 → 북촌 생활사 박물관 → 동양문화박물관 → 북촌 한옥길 장원서 터 → 서울교육박물관 → 정독도서관(구 경기고등학교) → 옛 천도교 중앙총부 터(덕성여중) → 옛 감고당 터(덕성여고) → 옛 안동별궁 터(풍문여고 터)

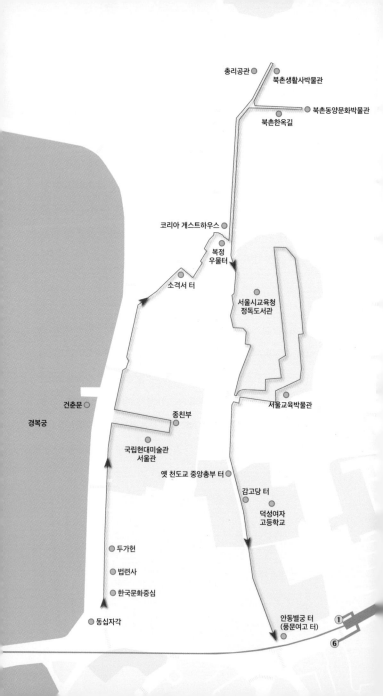

총리공관
북촌생활사박물관
북촌동양문화박물관
북촌한옥길

코리아 게스트하우스
복정
우물터
소격서 터
서울시교육청
정독도서관

건춘문
경복궁
종친부
국립현대미술관
서울관
옛 천도교 중앙총부 터
서울교육박물관
감고당 터
덕성여자
고등학교

두가헌
법련사
한국문화중심
동십자각
안동별궁 터
(풍문여고 터)

짧은 서 북촌 답사 -
동십자각에서 시작하기

이 답사는 동십자각이라 불리는 작은 망루 앞에서 시작
한다. 정확히 말하면 동십자각 맞은편에 있는 사진관 앞이
다. 동십자각은 길 가운데에 있어 우리는 그 앞에 가지 못
한다. 이 길은 삼청로가 시작되는 곳으로 이 길로 계속해
서 올라가면 삼청동으로 들어가게 된다. 우리는 이 길로
가다가 북촌으로 들어갈 터인데 이 길지 않은 길에 역사와
관련된 유적이 적지 않게 있다. 그래서 이 길을 북촌 답사
의 시작으로 잡은 것이다. 만일 이 서 북촌 답사를 안국역
1번 출입구에서 시작하면 이 길 쪽으로는 잘 오지 않게 된
다. 그러나 이 길에는 비중이 적지 않은 이야기들이 많아
이번 답사의 시작을 이 길로 삼았다.

나는 지난 5년 동안 이 동십자각 바로 앞에 있는 건물에

란 사진관 앞

"한국문화중심"이라는 공간을 만들어 운영해왔다(2013년
4월 개원). 그 때문에 이 지역은 내게 아주 익숙한 곳이 되
었다. 이곳이 흡사 내가 사는 동네처럼 된 것이다. 물론 진
짜 동네에 사는 것처럼 이웃과 교통하는 것은 아니지만 그
래도 거의 주민처럼 되었다. 그런 까닭에 나는 이곳에 얽
힌 이야기들을 많이 주워 들을 수 있었다. 그러니까 이 지
역 답사는 내 자신이 지역 주민이 되어 내가 사는 동네를
탐방하는 식이 될 것이다. 그런 까닭에 이 지역의 속살을
조금 자세하게 알게 되었는데 그런 이야기들을 이 지면에
서 소개하고 싶은 것이다.

서 북촌은 어디를 말함인가?

한국문화중심 내부와 밖(동십자각)이 보이는 모습

한국문화중심 입구

한국 근현대사와 동십자각

동십자각 앞에서　지금은 조금 사정이 나아졌지만 동십자각을 지나가는 사람들은 이 건물이 무엇인지 잘 모른다. 웬 고건축이 길 가운데에 버티고 있는 것으로만 파악하지 그것이 무엇인지는 모르는 것이다. 사람들은 옛날 집이 왜 길 한 가운데에 있는지에 대해 별 의문을 갖지 않는다.

그랬던 것이 이제는 사람들이 이 길을 워낙 많이 다니니 이 건물에 대해 조금씩 알아 가는 것 같다. 요즘(2018년)에는 몇 년 전부터 불어온 한복 입기 열풍 때문에 이 지역에는 사람들이 엄청 많이 다닌다. 특히 외국인들이 한복 입어보려고 마구 쇄도하는 바람에 길이 아주 복잡해졌다. 이 한복 입기 열풍에 대해서도 할 이야기가 많지만 최소한만 하고 지나가기로 하자. 이 주제에 대해서 더 관심 있는 독자들은 내가 쓴 『한국인의 생활문화』(하우, 2017)를 참고하기 바란다. 이 책의 마지막 장에서 나는 지금 불고 있는 한복 열풍에 대해 자세하게 다루었다.

이 지역에 와보지 않은 사람은 요즘 한복 입기 열풍이 얼마나 대단한지 잘 모를 것이다. 3~4년 전만 해도 이 지역에는 한복대여점이 한두 개에 불과했다. 한복을 입으면 경복궁에 공짜로 들어갈 수 있다고 하니 처음에는 소수의 사람들이 한복을 입고 다녔다. 그러던 것이 이게 큰 유행으로 번져 지금은 하나의 문화 현상이 되었다. 특히 외국인들이 한복을 입고 경복궁이나 북촌을 다니면서 한옥을 배경으로 사진 찍는 것이 관광의 한 코스로 자리 잡았다. 주말에는 이 길가가 북새통을 이룬다.

지금 한복 입기가 얼마나 큰 유행이 되었는가를 알 수 있는 예가 있다. 내가 운영하고 있는 한국문화중심이 있는 건물이 좋은 사례가 될 것이다. 나의 공간은 4층에 있는데 이 건물에는 원래 한복대여점이 하나도 없었다. 그랬던 것이 2018년 전후로 1층과 2층에 한복대여점이 들어왔다. 처음에는 2층에만 있었는데 몇 달 뒤에 1층에 한복집이 들어왔다. 1층이면 세가 굉장히 비쌀 텐데 한복집이 들어온 것이다. 그런데 2개 층에 연이어 한복집이 들어와 있어 장사가 잘 될까 하는 걱정 아닌 걱정을 했는데 아직은 별 문제가 없는 것 같다.

이렇게 동종의 가게가 붙어 있으면 하나는 망하기 마련인데 문제가 없는 것을 보니 한복을 찾는 사람이 무척 많은 모양이다. 거기서 그치지 않고 옆에 있는 어떤 3층 건물은 3층 전체를 한복대여점으로 만들었다. 이 비싼 땅에서 3층 전체를 한복집으로 운영하고 있으니 이것은 한복대여 장사가 그만큼 수요가 많다는 것 아니고 무엇이겠

1, 2, 3층이 모두 한복대여점이다   1, 2층에 한복 대여점이 들어와 있는
한국문화중심 건물

는가? 답사를 시작하지도 않았는데 이렇게 이야기가 많
으니 앞으로 이야기가 어떻게 진행될지 여간 기대되는 게
아니다.

   한복 이야기는 각설하고, 이제부터는 우리의 답사 대상
인 동십자각에 대해 집중적으로 보자. 평범하게 보이는 이

경복궁의 동쪽 담장(바로 앞 건물이 동문인 건춘문이고 멀리 보이는 건물이 동십자각이다)

건물에는 많은 이야기가 얽혀 있다. 한국의 근대사가 들어 있는 것이다. 앞에서 나는 사람들이 왜 이 건물이 길가에 나앉아 있는지 잘 모른다고 했는데 원래 이 건물은 경복궁 담장에 붙어 있었다. 광화문에서 오는 담이 이 건물까지 와서 직각으로 꺾였던 것이다. 그렇게 상상해보면 독자들은 금세 이 건물의 정체에 대해 눈치 챘을 것이다. 이 건물은 짐작되는 대로 경복궁의 망루이다. 쉽게 이야기해서 궁 밖의 상황을 감시하기 위해 보초를 서는 곳이라는 것이다. 경복궁에는 이 망루 말고 서쪽 끝에 망루가 또 하나 있었다. 서십자각이다. 서쪽에 있으니 서십자각이라 한 것이다. 지금 이 건물은 헐려서 없고 단지 경복궁 담장 근처에 표지석만 있을 뿐이다.

전차 길 내기 위해 헐어버린 서십자각   여기서 우리는 이 두 망루의 현재 운명에 대해 자연스럽게 의문이 생길 것이다. 왜냐하면 이 두 망루와 관계된 것은 제대로 된 것이 하나 도 없기 때문이다. 하나(서십자각)는 없어지고 또 하나(동십 자각)는 궁에서 떨어져 나와 길가에 나앉아 있으니 말이다. 이 사정을 아는 사람이 거의 없으니 이 사연에 대해 잠깐 살펴보자.

우선 서십자각부터 보면, 이 건물은 1923년에 철거된 것 으로 추정된다. 그 배경 사정은 이러하다. 이때 광화문 앞 에는 전차가 다녔는데 광화문 앞이 마지막 정거장이었다. 그러다 이 전차 길을 연장시킬 필요가 생겼다. 경복궁 안 에서 큰 행사를 기획했기 때문이다. 당시 신문기사에 따르 면[1] 조선총독부는 이 해에 '조선부업품공진회'라는 행사 를 경복궁 안에서 열었다. 이때 출구를 경복궁의 서문인 영추문(迎秋門)으로 잡았다(당시 조선총독부 건물은 한창 건축 중이었다). 그렇게 되면 사람들이 영추문으로 많이 나오게

---

1) 동아일보, 1923년 9월 1일자

서십자각 표지석(멀리 광화문이 보인다)

되니 그 사람들을 운송해야 될 문제가 생긴 모양이다. 그
래서 당국은 당시 광화문 앞까지만 오던 전차를 영추문까
지 연장 설치하게 된다. 이렇게 광화문 앞까지만 오던 전
차를 영추문 앞쪽까지 연장하는 과정에서 이 서십자각을
헐어버린 것이다.

이 전차 길에 대해 보충 설명을 해보면, 광화문에서 사
직단 쪽으로 가다 궁의 담을 끼고 오른쪽으로 돌면 청와
대 가는 길이 나오는데 그 길을 따라 전차 길을 놓은 것이
다. 그러니까 서십자각에서 오른쪽으로 틀면서 전차 길을
놓아야 했는데 서십자각 앞의 길이 좁고 굽이가 심해 있
는 그대로로는 전차 길을 놓을 수 없었다고 한다. 그렇다

일본 교토에 있는 이조성(二條城)

고 그 주변에 있는 민가를 헐 수도 없어서 일제 당국은 서
십자각과 담을 헐고 전차 길을 놓기로 결정하게 된다. 그
래서 그 길로 서십자각은 영원히 없어지는 운명을 맞는다.
이때 헐어버린 담장은 나중에 궁을 가리기 위해 다시 만들
었다고 한다.

　이번에 답사하는 과정에서 이런 사실을 확실하게 알게
되었는데 이러한 일제의 작태는 한 마디로 어이가 없는 일
이다. 그까짓 전차 길을 놓으려고 궁궐의 중요한 건물과
담을 헐어버리는 만행은 도저히 용납하기 어려운 것이다.
일본 식민당국의 치들이 얼마나 조선을 업신여겼으면 저
런 일을 했을까 하는 자탄과 함께 분노가 치밀어 오른다.

이와 관련해서 한 번 이런 생각을 해본다. 이 만행을 저지른 치들이 과연 자기들의 나라인 일본의 교토[京都]에서도 이 같은 작태를 벌일 수 있었을까 하고 말이다.

더 구체적으로 예를 들어 보면 이런 것이다. 그까짓 전차 길 하나 내겠다고 일본 당국이 도쿠가와 가(家)가 살았던 이조성(二條城, 니조조)의 망루나 담을 헐 생각을 했겠느냐는 것이다. 이 저택은 유네스코에 세계유산으로도 등록되어 있는 유서 깊은 곳이다. 따라서 일본인들은 이 건물에 손 하나 대지 않을 터인데 하물며 허문다는 것은 상상도 하지 않을 것이다. 그런데 경복궁의 중요한 건물 중의 하나인 서십자각은 한 방에 날려 보냈다. 하기야 광화문도 헐어버릴 생각을 한 치들이 이까짓 망루 하나쯤이야 쉽게 생각할 수 있었겠다는 생각도 든다. 일본은 같이 평화롭게 가야 할 이웃이지만 그들이 과거에 한국에 가한 해악은 용서하기가 힘들다.

길 한가운데에 나앉아 있는 불운의 동십자각　서십자각에 대한 이야기는 그 정도 하고 우리의 주인공인 동십자각으로 눈을 돌려보자. 이 망루는 왜 길 한 가운데에 놓이게 되었을까? 이 사정을 잘 모르는 사람은 동십자각이 원래부터 이렇게 길 한 가운데에 있는 것으로 생각하기 쉽다. 그

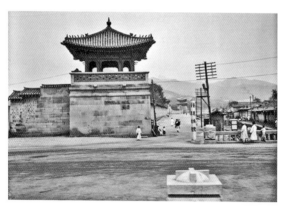

동십자각에서 건춘문 쪽으로 가는 길

현재 같은 지점에서 찍은 사진

한국 근현대사와 동십자각

것이 사실이 아닌 것은 너무도 명약관화한 일이다. 앞에서 말한 대로 경복궁의 담은 원래 동십자각에서 90도 꺾여서 민속박물관 정문 쪽으로 이어졌기 때문이다. 그러니까 동십자각과 연해 있는 담이 헐려 지금처럼 된 것인데 동십자각이 이렇게 된 것은 어떤 연유 때문이었을까?

이것 역시 조선총독부의 만행과 관계된다. 조금 더 구체적으로 보면, 이것은 1929년에 경복궁에서 '조선박람회'라는 대단히 큰 규모의 전시 행사가 열리면서 일어난 일이다. 당시 신문 기사에 의하면[2] 이 해 가을에 조선총독부는 이 박람회를 열면서 동십자각에 연해 있던 담장을 헐었다. 이때의 사정에 대해서는 조금 더 설명이 필요하다.

이 박람회는 일본이 조선을 병탄한지 20년째가 되는 1929년에 조선인들에게 그들의 나라가 얼마나 좋은 나라로 바뀌었는지를 보여주려고 획책한 사건이라 할 수 있다. 다시 말해 조선이 일본의 식민지가 되어 얼마나 근대화 했는가를 보여주려는 의도로 일제가 이 박람회를 열었을 것이라는 것이다. 한 마디로 말해 자신들의 통치가 조선에게 큰 도움을 주었다는 것을 강변하려고 이런 행사를 기획했다는 것이다.

---

2) 매일신보, 1929년 5월 11일자

조선박람회 기념엽서(부분)

이때의 상황을 보면 이 박람회를 개최한 의도를 알 수 있을 터이니 당시의 주변 정황을 살펴보자. 우선 이 박람회가 개최되기 3년 전인 1926년에는 조선총독부 건물이 경복궁 안에 완성되어 총독부가 이주해 들어왔다. 이것을 통해 우리는 일제의 지배체제가 확고해진 것을 알 수 있다. 한국의 중심에 그들의 총본부를 세웠으니 말이다. 그런데 총독부에서 볼 때 눈에 거슬리는 게 있었다. 광화문이 그것이다. 총독부 정문 앞에 식민지의 궁궐 문이 버티고 있었던 것이다. 그래서 일제는 애초에는 광화문을 괴멸시켜 버리려고 했다. 그런데 뜻밖에 반대 여론이 일본에서 일어나 조선에까지 퍼지기 시작해 일제는 계획을 수정하지 않을 수 없었다. 그 결과 일제는 광화문을 없애지 않고 이전하기로 결정한다. 그리고 그 이듬해(1927년)에 광화문을 지금의 국립민속박물관 정문 쪽으로 옮긴다. 이것은 사진을 통해서도 확인할 수 있다.

이 사실이 중요한 것은 이 사건으로 말미암아 동십자각이 길에 나 앉게 되었기 때문이다. 당시 일제는 박람회를 열면서 그 정문을 이전된 광화문으로 삼았다. 경복궁으로 들어가는 입구로 사용했다는 것이다. 그럴 수밖에 없는 것이 광화문이 원래 있던 곳은 총독부를 드나드는 통로가 되었으니 다른 용도로 쓸 수 없었을 것이다. 그렇게 되니까 박람회에 오는 관람객들의 동선은 동십자각에서 궁궐 담을 따라 이전된 광화문까지 가는 것이 되었다. 그런데 일제 당국이 보기에 많은 이 길은 사람들이 다니기에 너무 좁았다. 이 사정은 당시 사진을 보면 알 수 있다.

조선박람회 - 당시 최고의 이벤트   앞(P63)의 사진에서 보이는 것처럼 동십자각에서 삼청동 쪽으로 들어가는 길에

조선박람회 개최 시 동십자각에서 이전된 광화문으로 가는길(현재는 경복궁 동쪽 담장 길)

당시 정문 역할을 한 광화문

는 개천이 있었다. 따라서 궁궐 담에 연해 있는 길은 그리 넓지 못했다. 지금 차들이 다니는 길 가운데 삼청동 쪽으로 올라가는 길은 개천을 복개해 만든 것이다. 어떻든 일제 당국은 이 박람회에 200만 명이 올 것으로 예상했다는데 그렇게 많은 사람이 온다면 이 길은 그처럼 많은 사람이 다니기에 분명히 좁았을 것이다. 그렇게 생각한 그들은 이 동십자각에 연해 있는 경복궁 담을 지금처럼 헐어내고 이 자리에 새 길을 내기로 결정한다. 바로 이때부터 동십자각은 길 한가운데에 놓이게 되었다. 그런데 일제의 예상은 크게 빗나가지는 않아 100만 명이 훨씬 넘는 엄청난 인원이 이 박람회에 와서 관람했다고 한다. 그러니 기존의 길로는 도저히 이 인원을 수용하기 힘들었을 것이다. 당시 사진을 보면 정말로 인산인해를 이룬 것을 알 수 있다.

지금도 이 정도의 인원은 엄청나게 큰 것인데 당시로서 이렇게 많은 인원이 몰린 것은 그야말로 센세이셔널한 사건이었을 것이다. 당시 한국의 인구가 1,300 만 명 정도였다고 하니 대체로 전체 인구 가운데 1/10이 이 박람회에 온 것이다. 그런데 이 비율을 지금과 비교하면 안 된다. 당시는 지금에 비해 교통수단이 열악하기 짝이 없었기 때문이다. 지금은 3시간이면 갈 수 있는 거리인 서울과 부산 사이를 당시는 하루 종일 걸려서 갔으니 말이다. 그런 상황

이전된 광화문(현 민속박물관 정문 소재) 쪽에서 동십자각으로 가는 길의
인파(가운데 보이는 건물은 동문인 건춘문이다)

에서 인구의 1/10이 경향 각지에서 이 박람회를 구경하러
왔다는 것은 대단한 일이 아닐 수 없다.

마침 당시의 사진이 남아 있어 이 박람회의 인기가 어
땠는지 알 수 있다. 또 광화문을 보면 그 치장된 모습이 화
려해 눈을 의심할 정도이다. 박람회로 가는 길도 마찬가지
이다. 동십자각에서 광화문으로 가는 길이 한껏 장식되어
있어 지금의 수수한 모습과 대조를 이룬다. 지금은 조금도
상상할 수 없는 일이 당시에 일어났던 것이다. 당시의 경
복궁을 보면 궁이 아니라 현대의 이벤트장과 같은 모습을
보인다. 남은 건물이라고는 근정전이나 경회루 같은 몇 개

아이들이 놀 수 있는 연예관(놀이동산) 안에 있는 비행기 타는 기구

조선물산공진회(1915년 개최) 때 파괴된 경복궁의 모습

박람회 안 전라남도 관 입구

광화문

의 건물뿐이고 궐의 내부가 전부 이 박람회 관계 건물로
뒤덮여 있는 것을 알 수 있다.

경복궁이 이렇게 될 수밖에 없는 것은 궁 안에 조선의
각 지역과 일본의 주요 지역을 홍보하는 건물들이 세워졌
기 때문이다. 조선 8도를 비롯해 각 기업체, 그리고 일본
의 도쿄, 오사카, 나고야, 홋카이도, 규슈 등의 지역을 홍보
하는 건물이 건설되었으니 궁 안은 건물들로 꽉 찼을 것이
다. 그 뿐만이 아니다. 일본의 육군이나 해군도 홍보관을
두었다고 하고 더 나아가서 어린이들이 놀 수 있는 지금의
놀이공원 같은 것이 있었으니 경복궁은 이런 건물로 채워
질 수밖에 없었을 것이다. 그런데 어린이 놀이공원을 보면
비행기 모형을 타고 도는 것이 있는데 이것을 본 조선 사
람들은 아마 무척이나 신기해했을 것이다.

경복궁은 이렇듯 일제 침략자들에 의해 철저하게 파괴

되었다. 꽤 이른 시기인 1915년에 '조선물산공진회'를 개최하면서 일제 당국은 주요 건물들을 다 밀어버렸지만 앞에서 거론했던 1923년의 조선부업품공진회를 거쳐 1929년 박람회 등을 개최하면서 경복궁에는 건물이 거의 사라진다. 그래서 해방된 직후의 사진을 보면 경복궁에는 근정전과 경회루, 향원정 등의 주요 건물밖에는 보이지 않는다. 이렇게 된 것을 우리가 지금 열심히 복원하고 있지만 훼손 정도가 너무 심해 그리 티가 나지 않는다. 어림짐작으로는 반의 반 정도나 복원했을까 하는 생각인데 그 갈 길이 멀기만 하다.

동십자각 훑어보기   각설하고 다시 동십자각으로 눈길을 돌려 보면, 이런 과정 끝에 이 건물은 간신히 살아남아 지금까지 전해지고 있다. 지금은 흔적도 없는 서십자각을 보면 이 동십자각 건물이 살아남은 게 천우신조 아닌가 싶다. 지금부터는 이 건물 자체를 살펴보기로 하는데, 이 건물 가운데 밑 부분인 석축은 경복궁을 처음 만들 때 같이 만들어진 것일 것이다. 그 반면에 위에 있는 누각은 대원군이 경복궁을 중건할 때 만들어진 것으로 추정된다. 따라서 이 누각은 약 180년 정도 전에 세워진 건물인 것이다. 이 건물은 원래 서울특별시 유형문화재로만 등록되어 있

계단이 있었을 때의 동십자각

었다. 이 말은 이 건물이 사적 117호인 경복궁과는 별도로 지정되어 있었다는 것을 뜻한다. 그러다 2007년에 이 건물이 경복궁의 부속 건물로 인정받아 그때 사적 117호로 그 등록 상황이 바뀌게 된다. 그러니까 이때 이 건물이 경복궁의 일부로 인정받았다는 것인데 왜 그렇게 늦게 인정받았는지는 잘 모르겠다.

이 건물은 사진에서 보는 바와 같이 작지만 아주 잘 지은 건물이라 할 수 있다. 공예적인 면이 있어 아기자기한 맛이 있으면서 전체적으로 아주 수려한 건물이다. 그래서 그런지 몰라도 이 주변에서 이 건물을 사진으로 찍는 외국인들을 자주 발견한다. 내가 운영하는 '한국문화중심'에서

현재의 동십자각   저녁 때 찍은 동십자각

보면 이 건물이 바로 내려다보이는데 그런 외국인들을 어렵지 않게 발견할 수 있다. 나는 이 건물을 한국문화중심에서 노상 바라보고 있는데 언제 보아도 이 건물은 예쁘게 보이지만 특히 밤에 조명이 들어오면 환상적으로 바뀐다.

이 건물에는 원래 계단이 있었다고 한다. 이것은 당연한 것이 이 건물을 지키는 군사들이 오르락내리락 해야 했기 때문이다. 그런데 경복궁 담을 헐 때 이 계단도 없어졌다고 한다. 또 특기할 만한 것은 명성황후를 시해(암살)하러 온 일본 칼꾼들이 이 동십자각으로 올라와 궁 안으로 진입했다는 이야기가 전해지고 있다는 것이다. 이 작은 문 하나에 이렇게 많은 이야기들이 있다. 답사는 시작도 안 했는

한국문화중심에서 내려다 본 동십자각

데 우리는 이곳에서 벌써 수십 분 이상을 소요한 것 같다.
이 지역은 원래 그런 곳이라 한 곳에서 시간이 지체되는 것
은 어쩔 수 없는 일일 것이다. 이 지역은 한국 근대사의 중
심에 있었으니 이야기 거리가 많을 수밖에 없는 것이다.

 이곳에서 내가 학생들에게 마지막으로 재확인해주는 것
은 이 담장의 위치이다. 이것은 중요한 사실이라 이 건물
을 떠나기 전에 다시 상기시켜 준다. 사람들은 지금 있는
담이 원래 자리라고 생각하기 쉬운데 이것이 사실이 아닌
것은 앞에서 말한 대로이다. 원래 담은 동십자각에서 꺾어
져 민속박물관 쪽으로 가니 말이다. 이 사정은 민속박물관
앞에 가면 알 수 있다. 민속박물관의 정문 옆에 있는 담장

을 보면 담장의 원래 위치를 알 수 있다. 청와대 쪽으로 난 담이 원래 담장의 위치였을 것이다. 그렇게 보면 중간에 있는 건춘문도 원래의 위치가 아니라 약간 들어가 있는 것이 된다.

　궁궐 치고는 수비가 너무 허술한 경복궁　이 지점을 떠날 때 나는 꼭 한 마디를 덧붙인다. 이것은 경복궁에 관한 것이라 경복궁만을 다룰 때 해야 하겠지만 언제 그 일을 할 수 있을지 몰라 지금 여기서 잠깐만 언급하고 다음 지점으로 가기로 한다. 그것은 경복궁의 수비 능력에 관한 것이다. 이 이야기가 다소 이상스럽게 느껴질지 모르겠는데 나는 경복궁을 볼 때 마다 '이게 도대체 궁궐인가? 궁궐이라면 수비를 이렇게 소홀히 하지 않았을 텐데' 하는 의구심을 노상 가졌다. 어떤 면에서 수비가 잘못 됐다는 것일까? 이것은 중국이나 일본의 왕성과 비교해보면 금세 알 수 있다. 이 이웃 나라들의 왕성을 보면 거기에는 항상 해자(垓字), 즉 성을 둘러싸고 못을 파 놓은 것이 있다. 이것은 당연한 것이 적의 공격을 막기에 이 해자는 대단히 효율적이기 때문이다. 적군은 이 물을 건너야 성 안으로 들어갈 수 있는데 이 물 때문에 성 안으로 진입하는 일이 힘들게 된다.

민속박물관 오른쪽에 있는 담장이 원래 경복궁의 담의 위치이다.

그런데 경복궁에는 이 해자가 없다. 해자가 없으면 적에게 그냥 들어오라고 하는 것이나 마찬가지이다. 경복궁 담장 같은 것은 넘어 들어가는 일이 전혀 어렵지 않다. 담의 높이가 그리 높지 않기 때문이다. 인류사를 보면 성을 두고 전투하는 일이 대단히 많은데 난공불락일 것 같은 성도 결국에는 떨어지고 만다. 그런 성과 비교해볼 때 이 경복궁은 그냥 적의 수중에 내놓은 것이나 마찬가지라고 할 수 있다. 궁에 해자도 없고 담장도 그리 높지 않다. 그래서 드는 의문은 이 궁을 만든 사람이 경복궁을 건설할 때 수비라는 것을 생각하고 만들었는지 궁금하다. 이것은 창덕궁도 마찬가지이다. 이 궁도 역시 해자가 없고 궁의 담장도 높지 않기 때문이다. 한양에 있는 그 외의 도성들도 다 마찬가지이다. 말이 나와서 그런데 이 한양도성이라는 것도 수비하기에는 너무도 취약한 성이다. 정문인 남대문부터 동대문이나 서대문 등이 모두 적의 공격에 아주 취약하게 건설되어 있다. 그래서 조선 정부의 관계자들은 방위개념을 어떻게 생각했는지 여간 궁금한 게 아니다. 도무지 적의 공격을 막으려고 한 것 같지 않아 그렇다는 것이다. 적이 쳐들어오면 무조건 궁궐은 버리고 북한산성으로 도망가려고 한 것은 아닌지 모르겠다.

삼청로를 따라

지금은 양식당이 된 엄비의 집, 그리고 법련사   동십자각과
경복궁에 대해서는 거기까지만 보고 이제 다음 기점으로 떠나보자. 다음 기점이라고 해봐야 바로 옆에 있는 법련사가 그 주인공이니 우리가 갈 곳은 지척에 있는 셈이 된다. 법련사는 송광사의 서울 분원으로 전형적인 도시형 사찰이다. 이 절이 여기에 있어 좋은 것 중의 하나는 저녁 6시경에 범종을 울려주기 때문이다. 도시 한복판에서 듣는 산사(?)의 종소리는 정말로 듣기 좋다. 절 바로 옆에는 야외

약사전이 있는데 이곳에는 가운데에 약사불을 모시고 양쪽에 지장보살과 미륵보살을 모셔 놓았다. 불교도들에게는 이곳이 참배하기 좋은 곳이겠지만 불교를 신앙하지 않는 사람도 가서 편안하게 쉴 수 있는 좋은 공간이다. 도심에 이런 공간이 있다는 게 신기하다.

이 절은 비록 건물 한 동이지만 상당히 다양한 기능을 갖고 있다. 이 작은 건물에 미술관도 있고 서점도 있고 다실도 있으니 말이다. 물론 3층에는 대웅전이 있다. 나는 이 절을 지나칠 때 마다 송광사는 돈도 많아 이렇게 서울의 요지에 절을 만들었구나 하고 생각했는데 속사정을 알아보니 그런 것이 아니었다. 송광사는 서울에 분원을 2개 갖고 있는데 이 절과 성북동에 있는 길상사가 그것이다. 이 가운데 길상사는 그곳에서 음식점을 하던 분이 그 부지와 건물을 희사해서 세워졌다는 것은 잘 알려져 있다. 그에 비해 이 법련사의 경우는 잘 알려져 있지 않다.

법련사 역시 김부전이라는 여성 신도가 자기가 살던 집과 부지를 송광사에 희사하면서 세워졌다. 나는 이 사실을 이번에 이 지역을 심층 답사하면서 처음으로 알았다. 그런 공덕으로 그의 사진은 이 절의 1층에 있는 지장전에 모셔져 있다. 그런데 이 절이 이렇게 현대적인 규모를 갖추게 된 것은 또 다른 신도의 공이 크다. 이 절은 원래 1973년에

법련사 지장전에 모셔져 있는 김부전 보살

창건됐지만 지금처럼 서양식 건물로 된 것은 1995년의 일이라고 한다. 당시 아들을 잃어 고심하던 대우그룹의 김우중 회장이 아들의 명복을 빌기 위해 송광사에 큰 돈을 희사했는데 송광사 측은 그 돈으로 이 절을 지금처럼 번듯하게 지은 것이라는 것이다. 노상 지나다니던 절이지만 이렇게 사연이 많은지는 알지 못했다.

법련사 바로 옆에는 두가헌(斗佳軒)이라는 고급 양(洋)식당이 있다. 이 집은 한옥으로 되어 있는데 한옥 안에서 최고급의 양식과 포도주를 먹는 것이 얼마나 비쌀지는 안 보아도 '비디오'다. 나는 막걸리를 팔지 않는 식당은 잘 가지 않기 때문에 이 식당에는 거의 가보지 않았다. 게다가 이 식당의 음식은 값이 엄청나게 비싸 더 가고 싶은 생각이 나지 않았다. 그러다 마침 누가 초대해 서양풍으로 생긴 별채 건물에서 저녁 코스 요리를 먹은 적이 있었다. 그때 먹은 스테이크 맛은 정말로 일품이었다. 지금도 그 맛이 생각나는데 당시에 그 스테이크를 먹으면서 '이러니 음식 값이 비싼 거군'하고 되뇌었던 기억이 난다. 내가 운영하는 한국문화중심이 바로 옆에 있어 나는 이 앞을 자주다니는데 언젠가는 식당 주위에 고급 차가 엄청 많았다. 그래서 식당에 무슨 일이 있나하고 살펴보니 북쪽에 있는 독재자와 이름이 같은 여자 배우가 이곳에서 결혼식을 하고 있었다. 그래서 주위에 수소문해보니 이 식당이 작은 결혼식을 하는 식장으로 꽤 이름이 나있었던 것을 알 수 있었다.

내가 이 식당에 관심을 갖는 것은 이 식당의 음식이 아니라 내가 꼭 한 번 저녁밥을 먹은 적이 있는 서양식의 별채 건물이다. 이 집은 식당 안에서 홀로 서양풍을 하고 있는데 이 집에 대해서는 알려진 것이 별로 없다. 이 식당 건물에 대해 알려져 있는 정보는 대개가 다 '엄비(정확히 말하면 순헌 황귀비 엄 씨)가 이 한옥에 살았는데 1910년경에 고종이 그녀를 위해 이 서양 건물을 지어주었다'는 것 정도이다. 그 설명과 함께 이 서양 건물은 러시아식으로 지었다는 정보도 같이 접할 수 있었다. 그런데 한옥이 먼저 세워지고 그 다음에 양옥이 세워졌다고 하는데 정확하게 이 집이 언제 지어졌고 엄비는 언제 이 집에 살았는지에 대한 정보를 찾기가 힘들었다.

이 한옥을 살펴보면 무엇인가 일반 가옥과는 조금 다른 점이 있는 것을 알 수 있다. 지붕에 있는 잡상이 그것이다. 잡상이 많지는 않지만 엄연한 잡상이 지붕에 있다. 이런 것이 지붕에 있다면 그것은 이 건물이 왕실과 관계되어 있다는 것을 뜻한다. 추측하건대 이 건물에는 황귀비의 지위까지 올라간 엄비가 살았으니 지붕에 잡상을 만들어 놓은 것일 것이다.

우리의 주목을 더 끄는 것은 이 서양식 건물이다. 앞에서 설명한 것처럼 이 건물이 러시아식으로 지어졌다면 고종이 러시아와 가까울 때에 건설되었을 것으로 추측해 볼 수 있다. 그렇지만 이 건물이 건설되었다는 1910년대는 조선이 식민지로 전락한 다음이니 고종이나 조선은 러시아와 별 관계가 없던 시기라 할 수 있다. 그런데도 이 건물이 러시아식으로 지었다고 하니 그 사실 여부를 잘 모르겠다. 또 이 건물이 지니고 있다는 러시아 풍이라는 것이 무엇을 뜻하는지도 잘 모르겠다. 이 건물과 비슷한 모습은 서울역 구 역사에서도 발견할 수 있는데 이런 것들을 모두 러시아

두가헌 전경

두가헌 본채(잡상이 보인다)

풍이라고 할 수 있는 것인지 잘 모르겠다.

엄비는 잘 알려진 것처럼 명성황후가 죽은 뒤 황후 역할을 대신 한 사람이자 영친왕의 모친이다. 영친왕은 1907년 그의 형인 순종이 즉위하자 조선 제국의 마지막 황태자가 된 사람이다. 엄비는 그런 사람의 어머니이니 궁중에서의 지위를 알 수 있겠다. 그는 또 아관파천이라 불리는 사건이 일어났을 때 고종을 러시아 공사관으로 피신시킨 장본인이기도 하다. 조선이 병탄된 뒤에는 교육 사업에도 뛰어들어 양정고, 진명여고, 숙명여대의 전신을 세우는 등 당시에 선구자 역할을 독특히 했다. 이처럼 그는 한 말과 일제식민기에 큰 역할을 한 인물인데 그런 그가 여기서 살았다고 하니 이야기가 많이 엮여 있을 터인데 전해지는 이야기가 없어 답답하다.

두가헌의 양식 건물은 일본인이 지은 것!   그런데 이번에 학생들과 상세한 답사를 하면서 이 건물을 꼼꼼히 뜯어보니 의외의 것이 많이 보였다. 그런 끝에 이 건물은 일본인이 지었다는 것을 확신하게 되었다. 비슷한 시기에 건설된 다른 건물들과 비교해보면 그런 결론을 내릴 수 있다. 건물의 전체적인 디자인이나 문양의 모습, 그리고 세부까지 치밀하게 장식해 놓은 것이 영락없이 일본인의 작품이었다.

두가헌 별채의 전경

두가헌 별채의 외벽 장식

두가헌 계단의 옆면

두가헌 계단의 앞면

이 건물은 전체에서 일본적인 취향이 묻어난다. 그것을 구체적으로 설명할 수는 없지만 딱 보면 그것을 알 수 있다. 예를 들어 이 사진에 나오는 외벽 장식을 보자. 이런 것은 전형적인 일본식의 장식이다. 조금 더 정확히 말하면 어떤 서양 사조에 영향 받은 것인지는 모르지만 당시의 일본인들이 선호했던 장식이라는 것이다. 아기자기하고 오밀조밀하면서 치밀한 향취가 두 말 할 것도 없이 일본식이다.

이런 예는 건물에서만 발견되는 것이 아니다. 이 건물의 영역으로 들어가는 입구에 있는 계단에서도 이 같은 일본식 취향이 엿보인다. 사진에 나타난 것처럼 계단의 정면과 옆면이 아주 꼼꼼하게 장식되어 있다. 이렇게 세부에 충실한 것은 일본인이 하는 일이지 한국인들에게는 어울리지 않는다. 이런 모습은 더 있다. 뚫려 있는 문의 윗부분을 보자. 사진에서 보는 것처럼 그 윗부분을 보면 벽돌로 약간 굽은 유려한 곡선을 만들어내고 있는 것을 알 수 있다. 이런 것은 매우 섬세한 터치인데 이런 데에 강한 사람이 바로 일본인이다. 이렇게 보면 이 건물은 꽤 공을 들여 만든 건물인 것을 알 수 있는데 설계자의 이름도 모르는 등 이 건물에 대한 정보가 없어 안타깝다.

그런 마음을 갖고 여기를 떠나려 하는데 주차장에 또 비슷한 건물이 보였다. 이 건물 역시 안에 있는 본채와 같

두가헌 입구와
계단

두가헌 입구

은 양식으로 지어졌는데 크기는 훨씬 작다. 아마 이 집을 관리하는 사람들이 이 집에 거주하지 않았나 싶다. 이렇게 이 건물을 대강 훑어보았는데 이전에 전혀 알지 못하던 여러 정보를 접할 수 있어 좋았다. 그 동안에 이 집 앞을 몇 년이나 다니면서도 이 집의 가치나 세부에 대해서 잘 몰랐는데 이렇게 꼼꼼하게 보니 이 건물이 새롭게 보였다.

두가헌을 그 정도만 보고 우리는 더 올라가 보자. 그러면 곧 폴란드 대사관을 만난다. 이곳에는 이전에 프랑스 문화원이 있었다. 내가 고등학교를 다니던 1970년대 초에는 이 건물의 지하실 강당에서 프랑스 영화를 상영해주었다. 당시 프랑스 영화를 볼 데라고는 이곳밖에 없었을 터인데 입장료는 100원이었던 것이 정확히 생각난다. 당시 라면 값이 분식센터에서 100원이 안 되었는데 이 라면 값을 가지고 계산해보면 100원이라는 돈이 현재 얼마 정도가 되는지 알 수 있을 것이다(라면 값은 현재 분식집에서 2천5백 원 정도가 된다).

이 앞을 지나갈 때 대사관 차가 있으면 나는 학생들에게 또 아는 척을 한다. 대사관 차의 번호판에 있는 숫자 가운데 맨 앞에 있는 것이 그 나라의 코드 번호라고 말이다. 이 폴란드 대사관의 경우 차의 번호판이 063으로 시작하는데 바로 이 63이 폴란드의 국가 코드가 된다(미국의 경우는 001이다). 그리고 그 다음에 001같은 숫자가 있으면 그것은 대사의 차를 의미한다고 말해준다. 그런가 하면 만일 대사 차의 오른쪽 앞에 있는 국기 봉이 열려 있어 국기를 볼 수 있으면 그것은 대사가 지금 그 차 안에 있다는 표시가 된다고 가르쳐준다. 내가 이런 이야기를 해주면 학생들이 재미있어 할 줄 알았는데 남의 나라 대사관 차 같은 것은 관심이 없다는 것인지 학생들은 별 반응을 보이지 않았다.

건춘문 이야기 그 앞에서 건너편을 보면 경복궁의 동문인 건춘문(建春門)이 보인다. 이름이 이렇게 된 것을 설명할 때 사람들은 오행 원리에 입각해서 지은 것이라는 말을 많이 한다. 동쪽은 오행 상 봄을 상징하기 때문에 이름에 봄을 뜻하는 '春' 자를 넣어 지었다는 것이다. 이 문은 물론 임진왜란 때 불타 없어진 것을 대원군이 다시 지은 것이다.

이 문으로는 왕족이나 척신(戚臣) 등이 드나들었다고 한다. 척신이란 한 마디로 말해 왕과 성이 다른 왕의 친척들을 말한다. 예를 들어 외삼촌 등이 그에 해당할 터인데 명종 때 20년 세도를 누렸던 윤원형이 그 대표적인 예라고 하겠다. 그는 바로 명종의 외삼촌이었다. 그런데 이 문으로는 왕실과 관계없는 상궁들도 드나들었다는 설명이 많이 나오는데 그것은 왕족들을 보좌하는 임무를 맡은 상궁들이 드나든 것을 말하는 것일 것이다.

이 문이 왕족과 관계되었을 것이라는 것은 그 주변의 건물들을 보면 알 수 있다. 왕족들이 이 문을 통해 궁에 들어왔으니 이 문은 굉장히 센 사람들이 다닌 셈인데 그것은 일단 이 문 안에 왕세자의 거처인 동궁이 있던 것을 보면 알 수 있다. 왕세자도 이 문으로 출입했던 것이다. 그런가 하면 이 문 밖으로는 돌다리가 있었는데 그 다리를 건너면 왕족들을 관리하던 종친부라는 관청이 있었다. 이 건물은 곧 보게 되니 그때 상세하게 설명할 것이다. 이렇게 보면 이 문 주변에는 왕족과 관계된 건물이 포진하고 있는 것을 알 수 있다.

이 건물과 관련해 재미있는 사실은 1896년에 있었던 아관파천과 관계된 것이다. 고종이 나날이 심해지는 일본의 압박을 피해 러시아 공사관으로 피신할 때 그는 바로 이 문으로 빠져 나갔다고 한다. 이때 활약한 사람이 엄비였다. 자세한 설명은 약하지만, 당시 엄비는 궁녀와 함께 가마 두 대로 시장을 뻔질나게 다녔는데 나중에 이 가마에 고종을 태워 궁을 탈출시킨 것이다. 그녀가 이렇게 가마를

건춘문

타고 시장을 다닌 것은 진짜 무엇을 사러 간 것이 아니라 나중에 고종을 이 가마로 빼오기 위한 술책이었다. 왕 같은 가장 중요한 인물이 흔적도 없이 궁을 빠져 나가는 일은 거의 불가능했는데 엄비는 시장에 간다는 핑계를 대고 자주 출궁을 해서 수문장들의 감시의 눈길을 녹였다. 또 그들에게 많은 뇌물을 써서 고종이 궁을 나설 때 검문을 피했다. 이 검문만 피하면 출궁이 가능한 것인데 엄비의 노력과 재치로 이 일을 성사시킨 것이다.

이 문과 관련해서 이렇게 많은 이야기가 있지만 내가 정작 의아스러운 것은 '건춘문'이라는 이 문의 현판 글씨이다. 이 글씨를 쓴 사람에 대해서는 두 가지 설이 있다. 하나

건춘문 현판

는 고종 재위 시 훈련대장 등을 지낸 바 있는 무관 이경하 (李景夏, 1811~1891)라는 사람이 썼다는 설이다. 다른 하나는 우리 시대의 명필인 김충현(1921~2006) 선생이 썼다는 설 이다. 그런데 이번에 조사해보니 후자의 설이 맞는 것 같 은데 의문이 생기는 것을 피할 수 없다.

김충현이 이 현판 글씨를 썼다는 것을 알 수 있게 해주 는 자료는 서울 인사동에 있는 백악미술관에서 2015년 1 월에 열린 전시회에서 찾을 수 있었다. 이 전시회는 김충 현이 그동안 쓴 많은 현판 글씨만을 모아 일반에게 공개 한 것이다. 여기를 보면 이 건춘문의 글씨가 김충현이 쓴 것으로 버젓이 전시되어 있다. 그러니 김충현이 쓴 것이라는 것은 의문의 여지가 없는 것 같은데 문제는 이 글씨의 수준이다. 내가 잘못 보았는지 몰라도 이 글씨는 김충현이 쓴 다른 현판 글씨와 너무 다르다. 이 글씨의 수준이 많이 떨어지기 때문이다. 특히 건(建) 자는 아무리 보아도 잘 쓴 글씨가 아닌데 어찌 된 일인지 알 수 없다. 그런데 김충현 선생 같은 분이 글씨를 잘못 쓸 리는 없으니 아마 내가 잘못 본 것일게다. 이 서예 분야는 나의 전공이 아니니 섣부른 판단은 삼가야겠다는 생각이다.

국립현대미술관 서울관이 간직한 그 복잡한 역사에 대하여　건춘문 바로 앞에는 국립현대미술관 서울관이 있다. 이 미술관의 건물이나 자리를 두고 얽힌 이야기들이 꽤 많다. 우선 가장 궁금한 것은 이 건물에 대한 것이다. 이 건물은 언뜻 보기에는 엉성한 것 같은데 또 어떻게 보면 나름대로 콘셉트가 있는 것 같기도 하는 등 파악이 잘 안 된다. 일단 건물의 외관을 보아서는 일제식민기의 건물 같은데 솔직히 말해 일제 때의 건물치고는 조금 엉성해 보인다. 비교를 한다면 이 건물에서는 동 북촌에서 보았던 중앙고등학교의 동관이나 서관 같은 잘 '짜여진' 맛이 나지 않는다. 쉽게 말해 '콤팩트'한 맛이 없다는 것이다.

이 건물의 역사를 아는 것은 쉽지 않은 일이었다. 복잡한 스토리가 엮여 있었기 때문이다. 우선 독자들의 이해를 돕기 위해 한 마디로 이 건물의 정체를 밝혀보자. 이 건물은 '경성의학전문학교 부속병원'의 '외래진료소'로 1933년 12월 15일에 준공되었다. 여기에는 이 건물만 있었던 것이 아니라 그 왼쪽 끝에는 1928년에 건설된 의원(병원)이 있었고 또 그 옆에는 1929년에 건설된 병동(病棟)이 있었다. 이 외래진료소는 이 병동에 붙여서 1932년에 일단 지었다가 1933년에 증축하여 이때 비로소 오늘날 우리가 보는 규모가 된 것이다. 그런데 이 외래진료소를 제외한 건물들은 나중에 모두 철거된다. 그래서 이 건물만 남게 된 것이다.

그리고 건물이 철거된 그 자리에는 국군 서울지구 병원이 들어서게 되는데 이 병원이 바로 박정희가 1979년 10월 26일에 궁정동 안가에서 암살된 뒤 실려 온 병원이다. 당시 이 병원의 원장은 실려 온 시신이 박정희임을 확인하고 공식적으로 박 대통령이 죽었다는 것을 언론에 발표한다. 따라서 이 병원은 한국 현대사에서 중요한 사건을 담았던 곳으로 기억될 터인데 지금은 다 헐리고 미술관이 들어섰으니 무색할 뿐이다. 원래 이 병원은 일반 군인들도 치료하지만 대통령의 치료를 담당했던 것으로 알려져 있다. 이 병원이 헐리기 전인 1970년대 전후에 나는 이 근처

국립현대미술관 서울관

다른 각도에서 본 미술관

를 다니면서 이 병원의 정문에서 보초를 서고 있는 헌병들을 목격하곤 했다. 그때 우리는 그저 그곳이 국군 병원이라고만 알고 있었다.

미술관의 변천 과정: 경성의전 병원 ⋯⋗ 서울의대 병원 ⋯⋗ 수도육군병원 ⋯⋗ 보안사 ⋯⋗ 기무사 ⋯⋗ 미술관 어떻든 여기에 있던 건물들은 다 없어지고 이제 이 미술관 본관 건물만 남아 있으니 이 건물에 대해서 더 보아야하겠다. 지금 남아 있는 미술관 본관 건물은 해방 뒤에는 서울대 의대 제2부속병원으로 쓰이다가 수도 육군병원으로 바뀌게 된다. 그러다 이 병원이 등촌동으로 이사 가면서 1971년에 보안사령부가 들어와 오랜 기간 여기에 머물게 된다. 시간이 한참 흘러 1991년에 보안사령부가 민간인을 사찰했다는 기밀이 폭로되면서 이 기관은 기무사령부로 그 이름이 바뀐다. 그러다 이 기무사령부는 2008년에 과천으로 이사 갔고 마침내 이곳에 우리 눈앞에 있는 미술관이 들어선 것이다.

이곳은 내게 무엇보다도 보안사라는 이름으로 익숙하다. 내가 이곳을 지나다닐 때에는 이곳에 보통 '보안사'로 줄여 부르는 보안사령부가 있었기 때문이다. 이 보안사라는 곳은 한 마디로 말해 군대의 정보부(지금은 국정원) 같은 곳으로 악명이 높은 곳이었다. 그래서 이 건물에 대한 인

경성의전 옛 사진(오른쪽 맨 끝 건물이 현재 남아 있는 미술관 건물이다)

식도 음험하기 짝이 없었다. 그럴 수밖에 없는 것이 박정희, 전두환, 노태우 등의 군인 출신 독재자들이 자신들의 통치를 위해 비밀본부처럼 이 기관을 사용했으니 그 인식이 좋을 수 없었다. 게다가 전두환과 노태우 일당이 12.12 쿠데타를 모의한 곳도 이곳이었으니 사람들에게 이 건물은 암울의 상징처럼 보일 수밖에 없었다.

그런 까닭에 기무사가 이전한 다음에 이 건물을 어떻게 처리하는가에 대해 많은 논의가 있었던 모양이다. 당시 사람들에게 이 건물은 '우중충한 콘크리트 건물'로만 보였다고 한다. 게다가 앞에서 말한 것처럼 이 건물은 독재 정치의 산실로 인식되었으니 좋은 인상을 줄 수 없었다. 그런 까닭에 이 건물을 철거할 것인가 혹은 새로운 건물을 지을 것인가 등을 놓고 많은 논의가 있었다고 한다. 그러다 건축전공자들이 사료 등을 통해 이 건물을 전문적으로 조사해 보니 예상과는 영 다른 결과가 나왔다. 이것을 당시의 신문기사[3]를 통해 보면, 이 건물은 '현존 국내 근대 건축물 가운데 20세기 초 모더니즘을 완벽하게 구현한 수작'이라는 평가가 나왔다. 이 건물이 당시에 있던 건물 가운데에 모더니즘 양식을 선구적으로 수용한 최첨단의 건물이라는 것이다. 당시 이 병원의 원장으로 있었던 일본인도 언급하기를 '심지어 일본에도 이런 병원 건물은 없다'고 했다고 하니 그런 사정을 조금은 알 수 있겠다. 이 건물은 그 정도로 시대를 앞서가고 있었던 모양이다.

이 평가에 나오는 모더니즘적인 요소라는 것에 대해서 전문가들이 여러 가지 설명을 하고 있는데 다소 전문적인 것이라 그 뜻을 확실히 모르겠다. 다만 이해할 수 있는 부분은 이 건물의 끝이 사진에서 보는 것처럼 원형으로 튀어나와 있고 그 안에는 계단실이 있는데 전공자들에 의하면 이런 모습들이 매우 근대적인 발상이라고 한다. 그러나 한국 근대건축사를 잘 모르는 나는 이런 설명이 잘 와 닿지

---

3) 한겨레신문, 2009년 9월 28일 자

않는다. 전문가들이 그렇다고 하면 그런 줄 알 뿐이다. 이 건물을 전문적으로 조사한 배제대의 김종헌 교수는 이 건물은 아예 현대미술품이라고 극찬을 하기도 했다. 그래서 누가 설계했는지 알아보니 당시 건축 분야에서 선구자 역할을 했던 박길룡이 했다는 설도 있지만 그보다는 조선총독부 관방회계과가 설계했다는 설이 더 설득력이 있는 것 같다. 더 자세한 정보를 원하는 독자는 주에 실린 보고서[4]를 참고하면 되겠다. 이 보고서는 인터넷에서 쉽게 찾을 수 있다.

어떻든 여기서 중요한 것은 이런 과정을 거쳐 이 건물이 그대로 보존될 수 있었고 그런 끝에 국립현대미술관의 서울 분원으로 쓰기로 결정되었다는 것이다. 좌우간 이 옛 건물이 남게 되어 다행으로 생각하는데 이 건물은 자체의 아름다움보다는 건축사에서 중요한 건물이기 때문에 보존된 것으로 보아야 할 것이다. 앞에서 말한 것처럼 내 눈에는 이 건물이 아름답게 보이지 않기 때문이다. 그러나 이 것은 내 주관적인 견해에 불과할 수 있다는 것을 첨언하고 싶다. 건축은 내 전문 분야가 아니니 의견 표명에 조심해

---

4) 한국 건축가 협회(2009), "구 기무사 본관의 국립미술관 활용에 대한 방향성 연구용역"

야 할 것이다.

이 건물과 관련해서 끝으로 말하고 싶은 것은 이 경성의학전문학교에 대한 것이다. 나는 자료를 조사하면서 이 기관의 정체성에 대해 내내 혼란스러워 했는데 지금은 정리가 됐다. 혼란스러웠던 것은 이 학교가 지금의 서울의대 전신인지 아닌지 몰라 그랬던 것인데 조사해 보니 그것은 아니었다. 이 학교는 1916년에 세워졌는데 1926년에 경성제대(현 서울대)에 의학부가 신설되면서 이원체제가 되었다. 이때 이 학교에서 가르치던 교수 중 많은 사람들이 경성제대로 이적했다고 한다. 그러자 이 학교에 남아 있던 교수들이 줄기차게 병원으로 만들어 달라고 해 앞에서 본 것처럼 1928년부터 이 병원이 만들어지기 시작한 것이다. 그러다 이 병원은 1946년에 서울의대 제2부속병원으로 바뀌면서 서울대로 편입된다. 그리고 1963년에 이 터가 국방부로 이전되었고 1971년에는 이 건물에 보안사령부가 들어서게 된다.

이 건물 하나만 놓고도 이렇게 많은 이야기들이 있었다. 이 건물에서 우리는 일제식민기의 건축, 한국 근대 의료의 초창기 정황, 정치군인들의 모습 등 매우 다양한 정보들을 접할 수 있었다. 이 건물을 둘러싸고 한국의 근현대사가 집결되어 있는 느낌을 받는다. 그런데 아직 이 자리를 떠날 때가 안 되었다. 여기에는 중요한 건물이 또 하나 있기 때문이다. 이 미술관 뒤에 있는 종친부 건물이 그것이다.

　유랑하던 종친부 건물 앞에서　이 미술관 안쪽에는 조선의 고건물이 하나 있다. 이곳은 내가 한국문화중심에서 식당을 갈 때 자주 지나치는 곳이라 매우 친숙한 곳이다. 폴란드 대사관을 끼고 골목 안으로 들어가면 뒷길이 나오는데 북촌을 좀 다녔다는 사람들도 이 골목길을 보여주면 좋아한다. 이곳에 이런 뒷길이 있었느냐고 하면서 매우 좋아한다. 분위기가 있다는 것이다. 어떻든 이 길을 가다보면 이 종친부 건물이 바로 눈에 들어온다. 사람들은 이 건물이 뭐하던 건물인지 모를 뿐만 아니라 이게 대원군 때 지은, 꽤 오래된 진짜 조선조 건물이라는 사실을 모른다. 이런 건물이 느닷없이 나타나니 영문을 모르겠다는 표정을 지을 뿐이라고 이 건물이 무슨 건물인지 전혀 감을 잡지 못한다.

　이 건물은 '종친부(宗親府)'라는 이름의 건물로 왕실의 종친들과 관련된 일들을 관장하던 관청이었다. 지금도 대통령의 친인척들은 특별히 관리해야 하기 때문에 청와대 민정실에서 그 일을 담당하듯이 조선조 때에는 이 관청이 그 일을 맡았다. 종친이란 왕의 친가 쪽 친척을 말하는 것

종친부 경근당과 옥첩당

이니 일단 왕과 성이 같은 사람들을 말한다. 이 부서가 왕
의 부계 친족들을 관장했다고 하지만 모든 친척들을 관
리했던 것은 아니다. 여기서 주로 관리했던 사람들은 왕
의 계승 서열에 가까운 왕자나 그 후손들이었다고 한다.
그 외의 종친이나 외척, 그리고 공주나 옹주와 결혼한 부
마 등은 다른 관청(돈녕부(敦寧府)나 의빈부(儀賓府))에서 담
당했다. 그러니까 이 관청은 왕의 세습과 관련된 사람들을
특별 관리해 당시 왕조에서 가장 중요한 일인 왕위계승에
차질이 없도록 도모하던 곳이라고 할 수 있겠다. 이 일 자
체도 많았을 것 같은데 이곳에서는 그 일만 했던 것은 아
니다. 왕의 초상화나 족보 등도 보관하고 있었다고 하니

월대가 설치 되어 있는 종친부의 경근당

종친부 부속건물인 옥첩당

말이다.

　지금 이 부지에는 건물이 2동만 남아 있다. 그러나 원래는 이보다 훨씬 많았는데 모두 헐려나가고 이 두 동만 남았다. 이 가운데 경근당(敬近堂)은 이 종친부의 중심 건물이고 그 옆에 붙은 옥첩당(玉牒堂)은 그 부속건물이다. 경근당 앞에는 월대가 있어 그 건물이 위상이 대단히 높은 건물이라는 것을 알 수 있다. 경복궁 안에도 이렇게 월대가 있는 건물은 수정전이나 왕비의 침소인 교태전 등밖에 없으니 이 건물의 위상이 얼마나 높은지 알 수 있다. 그리고 부속건물인 옥첩당은 왕실의 계보와 족보와 관계된 일을 하던 곳인데 경근당과는 복도로 연결되어 있다. 하지만 경근당의 뒤쪽에 있고 기단도 낮아 경근당보다는 위계가 낮은 건물이라는 것을 알 수 있다.

　이 건물은 현대의 우리들에게 다른 의미에서 중요한 유물이라 할 수 있다. 이 건물은 현재 남아 있는 조선시대 관청 건물로 매우 드문 건물이다. 정확히 말하면 이 건물은 현재 남아 있는 3동의 조선의 관청 건물 가운데 그 하나이다. 사람들에게 이렇게 말하면 그들은 이 설명에서 이상한 것을 느끼지 못한다. 그러나 이것은 한 번만 생각해보면 굉장히 이상한 일인 것을 알 수 있다. 생각해보라. 당시 한양에 조선의 관청이 얼마나 많았겠는가? 궁내뿐만 아니라 광화문 앞과 옆은 온통 관청 건물로 뒤덮여 있지 않았던가? 오죽하면 육조가 있는 광화문 앞의 거리는 육조 거리라고 했겠는가? 그런데 그렇게 많던 관청 건물이 지금은 겨우 3동밖에 남아있지 않다고 하니 이상한 일이라 하지 않을 수 없다는 것이다. 상황이 이렇게 된 것은 이런 건물들이 일제식민기에 해체되고 또 한국 전쟁 때 불타 없어지고 그 뒤에는 도시 개발이 우후죽순처럼 일어나면서 그런 끝에 다 없어진 때문일 것이다. 이런 가운데에서 이 종친부 건물이 살아남았으니 대단한 것이라는 것이다. 그래서 그런지 이 건물은 조선 후기에 있었던 중앙 관청의 격식을 보여주는 드문 사례로 평가받는다.

앞에서 나는 조선의 관청 건물이 3개가 남아 있다고 했다. 그럼 지금 본 종친부 건물을 제외하고 다른 두 개는 어디에 있을까? 그 두 건물은 삼군부(三軍府)에 속한 건물들인데 이 관청의 정청, 즉 메인 빌딩인 청헌당은 육군사관학교 교정 안에 있고 별채인 총무당은 성북구 삼선동에 있는 삼선공원 안에 있다. 삼군부는 군대의 모든 일을 관장했던 최고의 명령기관으로 그런 위상에 걸맞게 지금의 정부종합청사 자리에 있었다. 광화문 바로 앞에 있었으니 그 부서의 지위가 얼마나 높은지 알 수 있겠다. 나는 청헌당은 육사 안에 있어 가보지 못했지만 총무당은 가서 본 적이 있다. 거의 20년 전쯤에 한성대 강의 가는 길에 총무당 표시를 보고 무작정 갔던 기억이 난다. 그때는 삼군부고 뭐고 아무것도 모를 때였는데 건물이 대단히 격조가 있던 것으로 기억된다.

이제 종친부 건물을 떠나야 할 때가 되었는데 마지막으로 하나 더 볼 게 있다면 이 건물의 슬픈 역사이다. 이 건물은 그래도 1981년까지는 이 원래의 자리에 있었다. 그런데 1981년이 어떤 해인가? 전두환 일당이 패악질(포악질)을 시작한 해 아닌가? 그때는 이 정치 군인들에 의해 무도한 일이 마구 자행되던 시기였다. 당시 이 건물은 정독도서관 앞뜰로 이전되는데 그 이유가 실로 놀랍다. 그 자리에 테니스장을 만들려고 이 역사적인 유물을 옮긴 것이다. 그까짓 작은 운동장 하나 만들려고 그 자리에 수백 년을 있어 왔던 건물을 이전한 것이다.

이런 어이없는 일이 어떻게 가능했을까 하고 생각해 보는데 당시 상황을 추정해보면 아마 다음처럼 진행되지 않았을까 한다. 당시 그곳에는 앞서 말한 것처럼 보안사령부가 있었다. 그런데 그곳에 근무하던 '군바리'들이 테니스를 치고 싶었는데 마땅한 땅이 없었던 모양이다. 그곳이 넓은 지역은 아니니 테니스장을 만들 만한 땅의 없었던 것이다. 그러다 고심 끝에 이 군바리들이 이 종친부 건물을 옮기고 그곳에 테니스장을 만들기로 작정한 것 같다. 만일 이 말이 사실이라면 어이가 없어 말이 안 나온다. 그러나 당시 그곳에 근무하던 군인들의 수준을 생각하면 이해할 수도 있을 것 같다. 지금 같으면 그런 군인들도 없고 그런 일을 사회에서도 용납하지 않을 테지만 당시에는 이런 어처구니없는 일이 자주 자행되었다. 그래도 군인들이 이 건물을 아예 없애버리지 않았으니 그나마 다행으로 여겨야 하겠다.

이곳에 있었던 광화문을 생각하며 우리는 여기서 삼청동 쪽으로 더 올라가야 하는데 바로 건너편에는 국립민속박물관이 있다. 물론 들어가지는 않을 테지만 이 정문과 얽힌 이야기가 있어 또 잠깐 하고 가야겠다. 바로 이 자리에 광화문이 있었다는 사실이나 그렇게 된 배경에 대해서는 이제는 꽤 잘 알려져 있다. 그래서 상세하게 설명할 필요는 느끼지 않지만 이왕 이곳에 왔으니 아주 간단하게만 살펴보자.

일제는 경복궁에 조선총독부를 지을 때 이 광화문이 총독부 건물을 가린다는 이유로 없애버리겠다는 계획을 발표했다. 그때 이 계획에 제동을 건 것은 한국 예술을 사랑한 것으로 알려진 일본인 야나기 무네요시[柳宗悅]였다. 그는 1922년에 일본에서 간행되는 "개조(改造)"라는 잡지에 이 광화문의 철거를 안타깝게 여긴다는 내용의 글을 실었다. 이것은 그해 8월에 동아일보에 "장차 일케된(잃게 된) 조선의 한 건축을 위하야"라는 제목으로 번역되어 5회에 걸쳐 실리면서 국내외에서 많은 반향을 일으켰다. 이처럼 이 계획에 반대하는 의견이 강해지자 일제 당국은 광화문의 철거를 취소하고 1927년에 광화문을 이 민속박물관 정문 자리에 옮겨다 놓았다.

그 뒤에 이 문은 경복궁의 입구 역할을 한 것 같다. 왜냐하면 원래 있던 자리에는 총독부 건물이 있으니 그 쪽으로는 경복궁으로 들어갈 수 없었기 때문이다. 그러니 다른 정문이 필요했을 터인데 이때 이 이전된 광화문이 입구의 역할을 했을 것이라는 것이다. 이 사정은 앞에서도 확인할 수 있었다. 즉 조선박람회 같은 큰 행사를 할 때 이 광화문을 정문으로 사용하여 관람객을 받았다고 한 것이 그것이다.

광화문은 이곳에 있다가 6.25 전쟁을 맞이한다. 이때 광화문이 어떤 수난을 겪었는지는 이 사진만 보아도 알 수 있다. 나무로 만든 집 부분은 홀랑 타버리고 돌로 된 기단만 남았으니 말이다. 광화문이 이렇게 된 것을 설명하는 사람들은 보통 폭격에 맞아 이렇게 됐다고 하는데 그렇게

기단만 남은 광화문

생각하기에는 밑의 기단 부분이 멀쩡한 게 이상하다. 만일 폭격에 맞았다면 돌로 된 기단 부분에도 손상이 있어야 할 텐데 그 부분은 사진에서 보는 바와 같이 멀쩡하다. 따라서 폭격에 의한 파괴가 아니라 추측컨대 불이 나서 전소한 것 아닌가 하는 생각을 해보는데 어떻게 해서 불이 났는지는 모르겠다.

그러다 1968년에 광화문 복원 계획에 따라 원래의 자리로 이 기단을 옮기고 상부의 누각은 콘크리트를 사용하여 다시 짓게 된다. 이때에 많은 비판이 있었는데 가장 문제됐던 것은 광화문이 재건설된 곳이 원래의 위치가 아니라는 것이었다. 당시에는 조선총독부 건물(당시는 중앙청이라 불렀다)이 있어 이 건물의 축에 맞게 짓느라 원래의 위치에서 조금 빗나가게 건물을 세운 것이다. 그래서 결과적으로 광화문은 정전인 근정전과 평행이 되지 않은 채로 조금 틀어져서 건설되었다. 이 문제에 대해서는 할 말이 많지만 여기서는 그냥 지나치기로 하자. 그러다 광화문을 목조로 다시 짓고 원래의 위치로 환원시키자는 여론이 일어 2006년에 공사를 시작해서 2010년 8월에 마치게 된다. 이렇게 보면 1927년에 자리를 떠난 광화문은 80여 년이 지나서야 제 자리로 돌아온 것이 된다. 이 광화문에 대한 이야기는 경복궁을 답사했을 때 살펴보아야 하지만 민속박물관 정문 앞에 오면 항상 광화문의 역사가 생각나 이야기해보았다.

민속박물관 위에 솟아 있는 이상한 건물들에 대해   이 지점에 오면 눈앞에 수상한 건물들이 보이기 시작한다. 비록 이 건물들이 북촌에 포함되어 있지는 않지만 한옥으로 되어 있으니 언급하지 않을 수가 없다. 이 건물은 국립민속박물관 위에 솟아 있는 건물들을 말한다. 솟아 있다고 표현한 것은 높이를 자랑하는 5층탑 때문이다.

이 건물은 기단이 3층이나 있어 엄청 높게 보인다. 전통 가옥 가운데 기단을 이처럼 3단으로 만드는 건물은 일찍이 보지 못했는데 이 건물은 어떤 개념에 의거해 건설되었

국립민속박물관 전경(5층탑)

는지 잘 모를 일이다. 조선의 건물들은 근정전을 통해 알
수 있듯이, 2층 이상의 기단을 만들지 않는데 이 건물은 기
단이 3층이나 되니 이상한 것이다. 어떻든 사진에서 보는
것처럼 이상한 한옥 건물이 높은 곳에 지어져 있어 모르는
사람이 보면 이 건물들을 궁궐의 일부로 착각하기 쉽다.

이 건물의 정체를 말하면, 이것은 물론 국립민속박물관
건물이다. 이 박물관에 대해서도 적지 않은 설명이 필요하
지만 이 자리는 그것을 위한 자리가 아니니 간략하게만 보
고 지나가기로 한다. 원래 이 건물에는 지금은 용산에 있
는 국립중앙박물관이 있었다. 국립중앙박물관이 이곳에
있었다고 하면 믿지 않을 사람이 있을지 모르겠다. 그러나

1972년부터 1992년까지 20년 동안이나 국립중앙박물관이 있었다(그 다음에는 조선총독부 건물로 이전된다).

　그 다음으로 이 건물에 들어온 것이 국립민속박물관이다. 이곳으로 오기 전에 민속박물관은 1975년부터 1992년까지 경복궁의 건천궁 자리에 있었던 현대미술관을 주건물로 사용하고 있었다. 지금 민속박물관이 있는 이 자리에는 원래 선원전, 그러니까 왕들의 어진 등을 보관하던 건물이 있었다고 한다. 그런데 일제기에 지금의 신라 호텔 자리에 이등박문을 추모하는 절[박문사, 博文寺]을 지을 때 이 선원전 건물을 뜯어가서 활용한다. 그런데 무슨 연유인지는 모르지만 한국 정부는 바로 이 자리에 국립중앙박물관을 짓기로 결정하게 된다.

　그 계획을 실행에 옮기고자 당시 한국 정부는 설계자로부터 응모를 받게 되는데 그때 그 조건 중의 하나로 다른 고건물의 외형을 모방해도 좋다는 것을 제시한다. 그러니까 이것은 옛날 건물을 모방해 지으라는 것인데 이런 제안은 기존 건축가들로부터 많은 반발을 불러일으켰다. 왜냐하면 이것은 건축가들의 창의성을 무시하고 전통을 왜곡시킬 수 있는 결과를 낳을 수 있다고 여겼기 때문이었다. 그래서 많은 건축가들은 정부의 이 제안을 '보이콧'했다고 한다. 그런데 이럴 때에는 소신(?)을 가지고 지원하는 사람이 반드시 있기 마련이다. 그런 사람 가운데 정부에 의해 채택된 건축가는 '강봉진'이라는 사람인데 지금 우리가 보는 이 건물은 그가 설계한 것이다.

정체불명의 건물의 정체는? 그러면 지금부터는 이 정체불명의 건물들이 무엇이고 어떤 콘셉트에 따라 지어졌는지에 대해 살펴보자. 우선 박물관 안뜰에 들어서면 사진에서 보는 바와 같이 계단이 있는 것을 알 수 있다. 굉장히 높게 보이는 이 계단은 불국사의 청운교와 백운교(국보 제23호)를 본 떠 만든 것이다. 그리고 그 꼭대기에 있는 5층 건물은 법주사 팔상전(국보 제55호)을 본 뜬 건물이다. 그런데 그 전체 모습이 주는 기괴함은 표현할 길이 없다. 기단이 3단으로 되어 있어 이 건물 역시 아주 높은 곳에 있는데 왜 이런 건물을 이처럼 높은 데에 세웠는지 모르겠다. 흡사 무술영화 세트장 같다. 이런 식의 설계는 우리에게는 기괴하게 보이지만 장대함을 좋아하는 당시의 독재 정권의 위정자들은 멋지다고 생각하지 않았을까 하는 억측을 해본다.

그런데 이 계단으로는 아무도 올라가지 못한다. 초입의 몇 계단만 올라갈 수 있을 뿐이다. 그리고 각 기단 안에 있는 방들은 1층에 있는 것을 제외하고 일반 관람객들은 들

밖에서 본 민속박물관의 기괴한 건물 3종 세트

어갈 수 없다. 아예 접근할 수가 없는 것이다. 그래서 우리
는 그 안에 무엇이 있는지 모른다. 도대체 이런 건물을 왜
세웠는지 그 저의를 파악하기가 힘들다. 그리고 마지막으
로 이 3단의 기단에는 경복궁 근정전(국보 제223호)에 있는
난간을 모방해 난간을 만들어 놓은 것을 알 수 있는데 이
것도 어색하기는 마찬가지이다.

이 건물의 옆에는 2동의 건물이 더 있다. 그 중에 2층 건
물은 화엄사 각황전(국보 제67호)을 본 뜬 건물이고 3층 건
물은 금산사 미륵전(국보 제62호)을 본 뜬 건물이다. 이렇게
놓고 보면 설계자의 심산이 대강 읽힌다. 그는 남한에서
가장 장대하고 좋은 전통 한옥 3개를 골라 그것을 본 뜬

것이다. 주지하다시피 지금 남한에 있는 한옥 가운데에 궁궐을 제외하면 이 3동의 건물이 가장 대표성 있는 건물이라 하겠다. 이보다 더 크고 잘 지은 건물이 없기 때문이다. 그는 이것을 가져다 그냥 적절히 배치하면 된다고 생각한 것 같다. 사실 이것이 공모를 내걸었던 정부의 의도이었으니 설계자는 그 의도를 충실히 이행한 것이 된다.

이런 설계의 개념이 얼마나 잘못된 것인가는 언급할 필요 없을 것이다. 설계가 너무 이상해 설계자 본인에게 한번 물어보고 싶을 정도인데 구체적으로 어떤 면에서 이 건물들의 구성이나 설계가 이상한지 살펴보자. 우선 지적할수 있는 것은 이 같은 전통 한옥들은 자신의 자리에 있을때에만 진가를 발휘할 수 있다는 것이다. 다시 말해 이런 건물은 그 건물에 맞는 맥락(콘텍스트) 안에 있을 때 의미가 있는 것이지 이처럼 맥락을 무시하고 건물(텍스트)만 가져다 놓으면 생명을 잃어버린다는 것이다. 콘텍스트 없는 텍스트는 힘을 발휘하지 못하기 때문이다. 예를 들어 화엄사의 각황전은 화엄사에 있는 여러 건물들과의 관계에서 빛을 발하는 것이지 그곳을 떠나서 이 건물 하나만 덩그러니 놓으면 생명력을 잃어버리게 된다는 것이다.

어떤 이는 이와 비슷한 맥락에서 이 건물들의 조합이 아주 어색하다고 지적하고 있다. 이 건물들이 매우 뛰어

난 건물임에는 틀림없지만 이렇게 아름다운 건물들을 모아 놓는다고 해서 그것의 합이 반드시 아름다운 것은 아니라는 것이다. 독자들의 이해를 돕기 위해 비유를 들어본다면, 아름다운 여자의 얼굴을 만들어 보겠다고 김태희의 입에 손예진의 코, 그리고 송혜교의 눈을 모아 놓아 합한다면 그것이 반드시 아름다울 것이라는 보장은 없는 것과 같다는 것이다. 이 각각의 기관들은 그들의 얼굴에 있을 때 아름다운 것이지 따로 떼어서 하나의 얼굴에 한 데 붙여 놓으면 그로테스크할 것이다.

이것은 충분히 일리 있는 이야기이다. 여기에 있는 건물들은 나름의 이유에서 아름다운 것인데 그것을 한 데 합쳐 놓으면 그 아름다움들이 충돌할 수 있지 않겠는가? 이 때문인지 이 3종 세트 건물은 2013년에 모 신문사와 공간 건축이 선정한 '해방이후 최악의 건물' 20개 가운데 15위에 선정되는 영광(?)을 누리기도 했다. 그러니까 지금 한국에 있는 건물 가운데 가장 나쁜 것 중의 하나라는 것인데 그런 것이 궁 안에 버젓이 남아 있는 현실이 믿기지 않는다.

이 정도만 하고 우리는 이 앞으로 지나가려 하는데 이렇게 보면 경복궁의 파괴는 일제만 자행한 것이 아니라는 것을 알 수 있다. 우리도 궁궐 안에 이 같은 큰 건물을 무모하게 지었으니 말이다. 당시는 박정희 시대였으니 충분히 궁궐 안에 국립박물관을 지을 수 있었을 것이라는 생각도 든다. 테니스장 만들겠다고 문화재급의 건물을 제멋대로 옮기는 자들이 무슨 일을 마다하겠는가? 우리도 이처럼 궁궐 파괴에 적극적이었으니 일제에 대해서만 비판하는 것은 '사둔 남 말' 하는 것처럼 보일 수도 있겠다.

아까 앞에서 언급하지 않았지만 궁궐 안에 주차장을 만든 것도 도저히 이해할 수 없는 일이다. 경복궁의 동쪽에 주차장을 만들어 놓은 것 말이다. 자리가 없어 그렇게 한 것 같기는 하지만 이런 일은 말도 안 되는 것이다. 이것도 명백한 궁궐 파괴이기 때문이다. 이웃나라인 일본 같으면 결코 일어날 수 없는 일이다. 일본인들이 교토에 있는 궁 한 편에 주차장을 만들어 사용한다는 것은 상상조차 할 수 없는 일이다. 당국의 관계자들도 이를 모르지 않을 텐데 이 문제를 어떻게 해결할지 모르겠다. 반면에 이 민속박물관은 나름대로 앞으로의 계획이 있는 모양이다. 그 계획에 따르면 민속박물관 건물은 2030년까지는 철거하고 박물관은 이전될 것이라고 한다. 그러나 아직 그 옮겨갈 부지에 대해서는 안(案)만 많을 뿐 결정된 것은 아닌 모양이다. 민속박물관도 이전하고 주차장도 폐기해야 경복궁이 원래의 모습으로 되돌아 올 수 있을 터인데 그게 언제가 될지 궁금할 뿐만 아니라 기대도 된다.

우리는 지금 답사를 시작해서 불과 100~200m밖에 오지 않았는데 이렇게 많은 이야기를 접했다. 동십자각에서 민속박물관까지 오는 길에 사연이 이렇게 많은 것이다. 이 정도 보았으면 이제 북촌으로 들어갈 때도 되었다. 사실 북촌으로 들어가면 그곳에는 그저 단편적인 이야기가 많지 이 길에서 본 것처럼 역사적인 것들이 많이 얽혀 있는 그런 이야기는 별로 없다. 그래서 더 가벼운 마음으로 산책하듯이 북촌의 골목길을 나다닐 수 있다.

서西 북촌으로 들어가기

민속박물관을 지나 계속해서 삼청동 쪽으로 걸어가 보자. 이 길을 가다가 북촌으로 들어갈 때 나는 삼청파출소를 끼고 오른쪽으로 들어가는 길을 택한다. 이 길은 정독도서관으로도 갈 수 있는 길이다. 그런데 골목으로 방향을 틀자마자 파출소 바로 옆에 표지석이 하나 있는 것을 발견할 수 있다. 이 표지석은 아무 관심도 받지 못하고 땅에 그저 박혀 있는 느낌이다. 그러나 이 동네의 이름과 관련해이 표지석을 주목할 필요가 있다. 이 표지석을 보면 이곳에 조선 시대에 소격서가 있었다고 전한다. 이 정보가 중요한 것은 이 이름을 따라 이 동네 이름이 소격동이 되었기 때문이다. 소격서는 조선조 때 도교 계통의 신이나 일월성신을 제사지내던 사당이다. 자세한 것은 저 위에 있는 코리아 목욕탕 앞에 가서 보려고 한다. 그곳이 바로 서태지가 '소격동'이라는 노래의 뮤직비디오를 찍었던 곳이기 때문이다.

서 북촌을 진입하며 그 길로 조금만 가면 왼쪽으로 아주 작은 골목이 나온다(화장품 가게인 에뛰드하우스가 있는 골목인데 이 가게는 언제 없어질지 모르니 거론하기가 조심스러웠는데 마침내 없어졌다!). 우리는 그 골목으로 들어가야 하는데 그런 작은 길을 택하는 것은 북촌의 골목길을 체험하기 위해서이다. 그런데 그 골목으로 들어가기 전에 바로 옆(오른쪽)을 보면 나무가 무성한 집이 있는 것을 알 수 있다. 그 나무 가운데에는 향나무가 있는데 상당히 크다. 그것을 통해 보면 이 집이 상당히 오래된 집이라는 것을 알 수 있는데 갈 때 마다 항상 문이 굳게 잠겨 있어 전혀 안을 볼 수가 없다. 사람이 살지 않는 것 같다. 그런데 이 대문의 생김새나 흘낏 본 안의 건물을 통해 이 집은 전형적인 1970년대 건물이라는 것을 알 수 있다.

나는 이런 건물이 서울에 유행할 때 고교나 대학을 다녔

서 북촌 입구에 있는 70년대 집

기 때문에 이런 집이 꽤 친숙하다. 당시 꽤 사는 중산층들은 이런 집을 선호했다. 현재 북촌에는 이런 집이 별로 없다. 그래서 내 눈길을 끌었던 것이다. 그러나 그곳을 지나다니는 젊은 친구들은 이런 집에 대한 정보나 향수가 없어 어떤 관심도 갖지 않는 것 같았다. 나는 이곳에 가면 늘 이 집 앞을 서성거린다. 내 어릴 적이 생각나기 때문이다. 또 언제 이런 집이 사라질까 하는 작은 걱정도 한다. 이 집은 벌써 약 50년은 된 집이니 나름대로 역사가 있는 집인데 앞으로 어떻게 될지 궁금해진다.

내 제자들은 나의 이런 설명에 그리 반응을 보이지 않는다. 왜냐하면 그들에게는 이런 이야기가 생소할 뿐만 아니라 이런 집은 전통적이지도 않고 현대적이지도 않아 더 알고 싶은 욕구가 생기지 않는 모양이다. 머쓱해진 나는 서둘러 바로 앞에 있는 골목으로 학생들을 데리고 간다. 이리로 들어가면 '만수의 정원'이라는 조금은 오래된 한식집이 있다. 이 집의 전공은 떡갈비이다. 이 집은 북촌에 있는 식당 가운데 그나마 내 또래가 갈 수 있는 몇 안 되는 식당 중의 하나이다. 그러나 이 집에 가자는 게 아니고 바로 그 옆에 휴(hue)라는 찻집에 가보자는 것이다. 이 집과 그 앞에 있는 정원은 이 북촌에서 가장 한가한 곳 가운데 하나일 것이다. 그런데 이렇게 지금 있는 가게들을 거론하는 것은 매우 조심스럽다. 왜냐하면 북촌에서는 가게들이 숱하게 바뀌기 때문에 나중에 이 책을 보는 사람은 그 가게가 없어진 다음에 이곳에 올 수도 있기 때문이다.

나는 이 찻집이 들어오기 전부터 이 공간을 보아왔는데 공사하기 전에 이곳은 정말로 한가했다. 집은 비어 있었고 앞뜰에는 나무만 몇 그루 있어서 아주 고즈넉했다. 그러던 것이 나중에 가보니 역시 찻집이 들어왔다. 우리가 이 집에서 볼 것은 옥상에서 보는 북촌의 경치이다. 이 건물의 옥상은 그리 높지 않아 경관이 시원하게 보이는 것은 아니지만 그래도 그 방향의 북촌을 전체적으로 볼 수 있어 좋다. 그러려면 이 찻집 안으로 들어가야 하는데 차도 마시

'휴'라는 찻집이 있었던 공간

지 않고 둘러보는 것은 예의가 아닌 것 같아서 나도 한 번
만 둘러보고 더 이상은 가보지 못했다. 그런데 항상 사람
이 많기 때문에 한번 휙 둘러봐도 문제는 없을 것 같은데
언젠가 한 번은 차를 사서 마셔야겠다는 생각을 했다.(그런
데 2018년 6월 15일 다시 이곳에 가보았더니 이 카페는 문을 닫
았고 아직은 아무 가게도 들어오지 않은 상태였다. 앞에서 말한
내 예측, 즉 이 북촌에 있는 가게들은 명멸이 심해 거론하는 것이
조심스럽다고 한 내 예측이 사실로 확인되는 순간이었다.)

이곳을 흘낏 보고 나는 학생들에게 아까 그 골목으로 들
어가자고 재촉한다. 그 많은 길 중에 굳이 이 골목길로 가
는 것은 지금 북촌에는 옛 모습이 남아 있는 곳이 그리 많

지 않기 때문이다. 현재 북촌에는 옛 맛이 나는 곳이 너무도 적다. 그런데 이 길은 원래의 좁은 골목길로 남아 있다. 이런 좁은 골목은 북촌에도 많지 않다. 그래서 일부러 이 골목으로 들어가는 것이다. 사실 조금 더 올라가서 장신구 박물관 쪽으로 들어가도 비슷한 골목길을 만날 수 있다. 그 길도 괜찮은 골목길인데 그 길을 통해서도 지금 우리가 가려고 하는 코리아 목욕탕 쪽으로 갈 수 있다. 이 골목길에 대해서는 목욕탕에 갔을 때 잠깐 다시 거론할 것이다. 그런데 그 길로 가면 이 좁은 골목길을 체험할 수 없고 또 이 골목에 있는 재미있는 집들을 놓칠 수 있다. 그래서 굳이 이 골목길을 가는 것이다(이 골목, 저 골목 하다가 말이 조금 복잡해졌다).

골목 안으로 - 몇몇 가게를 지나며 어떻든 이렇게 해서 이 골목으로 들어가 보면 이런 게 골목이구나 하는 느낌이 절로 든다. 사람이 하나밖에 들어가지 못할 정도로 좁기 때문이다. 그래서 이 길은 원래 그대로라는 것을 알 수 있다. 그러니까 북촌이 개발되면서 많이 바뀌었지만 이 길은 넓혀지지 않고 원래의 형태로 남아 있다는 것이다. 북촌의 집들은 원래 이런 골목으로 이어져 있었다. 이 골목의 묘미는 이어질 듯 끊어지고 끊어질 듯 이어진다는 데에 있다. 꼬불꼬불 따라가 보면 더 이상 길이 없을 것 같은데 또 이어지고 그런 생각으로 더 가 보면 갑자기 길이 막힌다. 그런 것이 골목길의 묘미인 것이다. 우리도 이 길을 따라 저 위의 큰길로 가게 될 것이다. 이 골목길은 그런 길 가운데에서도 원형을 잃지 않고 있어 더 소중하다고 할 수 있다.

여기서는 골목 자체를 느끼는 것이 목적이라 주변의 가게를 자세하게 볼 필요는 없다. 그러니 우리도 그냥 지나가면서 주마간산 식으로 이 가게들을 보자. 곧 만나게 되는 가게는 가죽 가방을 파는 가게이다. 상당히 오래 전의 일로 기억하는데 이 집에서 커피를 아주 싸게 팔아 한 번 들어간 적이 있었다. 커피를 마시다가 이왕 들어간 김에 가게 안을 돌아보게 되었다. 그런데 그 다음이 가관이었다. 몇 분이 지난 뒤에 나는 어느새 가방을 사고 있는 내 자신을 발견할 수 있었기 때문이다. 이게 무슨 말인가? 사건은 이렇게 진행됐다. 가방을 보면서 나는 남자 주인의 설명을 듣기 시작했는데 그만 그 말에 혹하고 말았다. 그래서 필요하지도 않는 가방을 산 것이다.

나는 '쇼핑'이라는 것에 대해서 혐오증이 있는 사람이라 여간해서는 물건을 사지 않는다. 그런데 그 날은 그 집 주인의 언변에 홀려 물건을 사고 말았다. 그 주인은 그만

북촌 골목길 안의 모습

큰 상술이 좋았던 것이다. 이 집은 그런 상술만 발휘되는
집이 아니다. 매주 토요일 6시에 다양한 음악회를 개최하
고 있기 때문이다. 음악회라고 해봐야 그리 넓지 않은 마
당에서 하는 것인데 지금 이 글을 쓰고 있는 2018년 6월에
벌써 240회를 넘어섰으니 대단한 것이라 아니 할 수 없다.
공연이라는 것은 아주 작은 것을 해도 준비가 많이 필요한
데 그런 것을 이렇게 오래 한다는 것은 엄청난 저력이 아
닐 수 없다.

그 바로 위에는 '55번지 라면'이라는 음식점이 있다. 이
곳은 물론 라면 파는 집이고 상호가 55번지가 된 것은 그
집의 번지수가 그렇기 때문이다. 원래는 라면이 주종이었

가방 전문점 삼청동 4차원에서 음악회가 열린 모습

는데 지금은 덮밥류도 같이 팔고 있다. 나는 이 집을 수 년 전에 딱 한 번 들어가 먹어본 적이 있는데 그때 많이 놀랐던 기억이 아직도 새롭다. 라면으로 유명한 집이라고 하니 일단 들어가 보기로 했다. '라면이 별 수 있겠나' 하면서 별 기대하지 않고 라면을 시켰다. 그때 메뉴판을 보니 라면 값이 설렁탕 같은 한 끼 용 식사비와 비슷해 조금 의아했는데 일단 들어왔으니 라면 하나를 시켰다. 그리고 라면 하나만 먹으면 보나마나 출출할 것 같아 다른 음식(아마도 주먹밥)도 같이 시켰다.

라면이 나와 먹어보니 이건 기존의 라면과는 차원이 다른 맛이었다. 라면은 라면이되 라면이 아니었던 것이다.

라면은 많이들 간식처럼 먹었는데 이것은 충분히 한 끼가 되었다. 그 정도로 양이 많았다. 나온 라면도 다 못 먹을 지경이었다. 그래서 따로 시킨 주먹밥인가는 제대로 먹지도 못했다. 라면 종류도 매우 다양했다. 이에 대해서는 따로 소개하지 않을 터이니 관심 있는 사람은 전화기를 두드려 보시라. 그 집서 그렇게 라면을 먹은 다음부터 나는 사람들에게 이 집을 '강추'했다. 혹시 라면 당기는 날이 있으면 이 식당에 오라고 말이다. 결코 실망하지 않을 거라는 말과 함께 말이다.

그렇게 먹고 나중에 이 집에 대해 '싸치(search)'를 해보니 내가 느꼈던 게 얼추 맞는 것이었다. 우선 이 집의 라면이 맛있었던 비결은 이 집 주인(이재현)이 밝히듯이 직접 개발한 스프와 육수에 있는 것 같았다. 특히 국물은 사골 국물을 쓴다고 하는데 여기에는 그럴 만한 배경이 있었다. 이 집 주인의 부모는 원래 설렁탕집을 했단다. 그래서 그들은 아들이 가업을 계승하기를 바랐는데 이 아들은 굳이 라면으로 승부를 보고 싶었다고 한다. 아주 '고급지면서도' 한국적인 라면을 만들고 싶었던 모양이다. 그러던 차에 궁리 끝에 그가 부모에게서 배운 한국의 탕 문화를 라면에 접목시켜 이 같은 음식을 만들어낸 것이다. 라면과 설렁탕의 육수를 섞은 것이다. 이에 대해 그는 '라면의 반

55번지 라면 집(오른쪽)과 규방도감(왼쪽)

란'을 일으키고 싶었다고 실토했다. '끼니 해결용', '심심풀이용'으로 취급받던 라면을 하나의 요리로 만들어냈던 것이다. 어떻든 그의 시도는 여전히 지속 중인 모양이다. 그런데 그동안 미국 L. A.에도 분점을 열었다고 하니 많은 성과가 있었던 모양이다. 부디 그가 성공을 했으면 하는 바람이다.

바로 앞에는 '규방도감'이라는 가게가 하나 있다. 이 집은 이름에서 알 수 있듯이 여인들이 거처하는 규방의 물품들을 파는 곳이다. 이 물품들은 과거 조선조에 활용됐던 것에 바탕을 두고 만든 것들이다. 솔직히 말해 나는 이곳에는 한 번도 들어가 본 적이 없다. 그럴 수밖에 없는 것이 나는 여인이 아니기 때문이다. 물론 여인이 아니더라도 들어가 볼 수는 있는데 머리가 허연 남자가 들어가기에는 '남사스럽지' 않겠는가? 여자들의 공간에 들어가기가 쑥스러웠던 것이다. 그래서 제자들에게만 들어가 보라고 권했는데 다른 것은 몰라도 이 집은 혼수품으로 인기가 아주 높다고 한다. 이것은 내 제자이자 동료인 송혜나 교수에게 들은 이야기인데 혼수에 관심 있는 여인들을 데리고 이 집에 가면 다들 좋아했다고 한다.

그래서 나도 조사를 해보았는데 위의 묘사가 맞았다는 것을 알 수 있었다. 이 집은 바느질 작가라는 재미있는 타이틀을 가진 '우영미'라는 분이 운영하는 곳으로 2003년부터 문을 열었다고 하니 벌써 꽤 오래되었다. 규방에서 사용되던 여러 가지 물품들을 전통적이고 자연친화적인 방식으로 만들어 판다고 하는데 주로 혼수품이었다. 그래서 이 집에서 만든 침구류나 생활 소품은 예단과 혼수품으로 큰 인기를 끌었고 많은 매체에도 소개되었다. 내가 아는 것은 이 정도뿐이니 혼수품에 관심 있는 독자들은 한번 방문해도 좋을 것이다. 그리고 한 가지, 이 집에서는 음식을 팔고 있어 주목을 끈다. 즉 국수와 연잎 밥 등이 그것인데 먹어본 사람들은 칭찬을 하지만 먹어보지 못한 나로서는 무엇이라고 평할 방법이 없다.

복정 터에서　규방도감을 지나 조금만 더 가면 꽤 유명한 퓨전한복 파는 집도 나오고 식당도 있지만 모두 지나치고 우리는 오른쪽으로 꺾어 계단으로 올라가자. 그러면 복정 우물터(정확히 말하면 복정 터)와 삼청동 코리아 게스트하우스를 만난다. 이 우물 터 앞에 있는 계단은 인기 드라마였던 '그녀는 예뻤다(2015년)'에서 주인공인 황정음과 최시원이 뛰면서 놀던 곳이라는데 그 모습은 인터넷에서 쉽게 찾아볼 수 있다.

이 우물은 원래 이름이 '복줏물'(북을 주는 우물?)이라고 하는데 근자에 복원된 것이다. 내가 북촌을 다니기 시작하던 2000년대 초기에는 이 우물에 대한 표시가 없었는데 언젠가 이곳을 복원하고 안내문도 달아 놓았다. 이 안내문을 보면 이 우물의 물맛이 좋아 궁중에서만 사용하고 평상시에는 일반 백성들이 마시지 못하게 자물쇠로 잠가 놓고 군인들에게 지키게 했다는 설명이 나온다. 그러다 대보름날에는 일반인들에게도 개방해 사람들이 자유롭게 마시게 했다고 한다. 이 설명을 읽었을 때 도대체 물맛이 얼마나 좋기에 자물쇠로 걸어 놓고 군인(혹은 순검)이 지키게 했는지 이상했는데 그 의문에 대한 답은 얻을 수 없었다. 당시에는 그저 전해오는 옛이야기에는 항상 "뻥'이 있으니 여기에도 과장이 있을 것이라고만 생각했다. 그러다 자료를

복정과 계단

드라마 '그녀는 예뻤다' 촬영장소인 소원성취 계단.

찾아보니 1964년이라는 꽤 이른 시기에 나온 신문 기사[5]에서 그 정확한 사정을 접할 수 있었다.

이 기사는 이 우물을 평생 지켰던 어떤 할머니에 대한 이야기를 전하고 있다. 이 분(정은성)은 평생 동안 이 우물을 지켰기 때문에 동네에서 '우물 할머니'라고 불렸다고 한다. 이 할머니는 그 전 사람에 이어 1906년부터 남편과 함께 이 우물을 맡았다. 그가 했던 일은 우물 근처를 청소하고 궁에서 물을 가지러 오면 정성스레 물을 떠서 보내는 일이었다고 한다. 이 기사를 보면 이 물은 분명 궁궐에서 사용한 것이 맞다. 그러나 일반인들이 먹지 못하게 군인이 지키고 있었다는 이야기는 나오지 않는다. 그리고 기사에는 조선이 망한 다음에도 이 분이 이 우물을 계속해서 지키고 있어서 얼마간은 일반인들이 우물물을 가져가지 못했다는 설명이 나온다. 그것을 보면 일반인들이 마시지 못하게 했다는 것은 사실로 생각되는데 군인이 지켰는지의 여부는 잘 모르겠다. 그러나 상식적으로 생각해보면 이 우물을 자물쇠로 잠가 놓고 한 사람이 지키고 있으면 됐지 거기다 군인까지 세워 놓는 것은 과한 일이 아닐까 한다. 군인들이 그렇게 한가하지는 않을 것이라는 생각이다. 이

---

5) 경향신문, 3월 17일 자

우물 위에 쌓여 있는 돌들

이야기는 아마 후대에 와전된 것 아닌가 한다.

이 물이 좋았다는 것은 허언이 아닌 것 같다. 다시 복원된 우물을 보면 아직도 깨끗한 물이 나오기 때문이다. 보통 이런 샘들은 주위 환경이 안 좋게 변하면 물이 다 변하기 마련인데 이 물은 변하지 않았으니 말이다. 그렇다고 먹을 수 있는 수준은 아닐 것이다.

그런데 위의 사진을 보면 이 우물 위에 돌을 쌓아 놓은 것을 볼 수 있다. 요즘 이렇게 돌을 쌓아 담이나 기단을 만들어 놓은 것을 보면 그 모습이 어색하기 짝이 없다. 옛사람들이 했던 것처럼 하지 않아 전체적으로 들떠 있고 한국의 전통적인 맛이 나지 않는다. 이 맛은 말로 표현하기가 힘든데 고졸하기도 하고 다정하기도 한 그런 모습이라고나 할까? 남한산성이나 한양도성처럼 옛 방식으로 돌을 쌓은 것에 익숙한 사람들이라면 내가 말하는 것이 무슨 말인지 알아들을 것이다.

말이 나온 김에 요즘 유적지에 돌 쌓아 놓는 행태에 대해 조금 더 이야기해보자. 그 복원해 놓은 것이 영 마음에 들지 않기 때문이다. 그냥 기계로 돌을 잘라서 쌓았기 때문에 옛 유적의 고졸한 맛이 전혀 나지 않는다. 예를 들어 경복궁의 광화문을 복원하고 옆에 쌓은 담장이 그렇고 남대문 옆이나 동대문에 쌓아 놓은 담장이 그렇다. 이것은 말로 설명하기 힘든데 옛 모습과 정취를 아는 사람은 모두들 이 담장들을 보고 개탄한다. 60대 초중반이 된 내 친구들과 이에 대해 대화를 하면 그들도 모두 격노한다. 왜 돌을 저 따위로 쌓아놓았느냐고 하면서 말이다. 가령 광화문도 이전의 석축은 기품이 있었다. 그런데 지금은 전부 하얀 새 돌로 바꾸어 놓는 바람에 수백 년의 역사를 가진 문이 아니라 바로 만든 문처럼 보인다. 쉽게 말해 '날탕'처럼 보인다는 것이다.

이 복정에 쌓아 놓은 돌도 그런 모습을 하고 있다. 학생들에게 이런 말을 해주지만 그들은 원래 모습이 어떤지 모르니 내 말을 잘 이해하지 못한다. 이렇게 만들어 놓으

광화문과 담장

면 전통을 잘 모르는 한국인들의 눈은 속일 수 있을지 모른다. 그러나 전통이나 유적에 대해 잘 알고 있는 일본인이나 서양인들의 눈은 못 속인다. 그들은 이런 '날'로 복원된 한국의 유적을 보면 금세 외면할 것이다. 이 말이 잘 이해되지 않는 독자들은 광화문의 기단을 앞에서 본 동십자각의 기단과 비교해보기 바란다. 그러면 아마 내가 말하는 이야기의 취지를 곧 알 수 있으리라. 어떻든 이런 문제를 어떻게 고칠 수 있을지 혼자 고심해 보지만 그 해결책을 쉽게 찾을 수 없어 안타깝다.

삼청동의 랜드 마크 앞에서 - 코리아 게스트하우스를 보며   이 우물 바로 위에는 그 유명한 코리아 목욕탕 굴뚝이 있다. 이 굴뚝은 홀로 우뚝 높아서 삼청동의 랜드 마크처럼 되었다. 이 굴뚝의 맨 윗부분을 보면 원래 어떤 글씨가 있었는데 그것을 대강 지운 다음에 '코리아'라고 쓴 것을 알 수 있다. 원래 있던 글씨가 이 목욕탕의 원래 이름인 것 같았는데 처음에 갔을 때는 도저히 알아볼 수가 없었다. 인터넷에 찾아봐도 이에 대한 정보는 발견할 수 없었다.

하는 수 없이 2017년에 학생들과 다시 방문해 그곳에 있는 분(아마도 안 주인)에게 직접 물어보니 "삼화탕"이라는 답을 얻을 수 있었다. 이 목욕탕의 원래 이름이 삼화탕이었던 것이다. 이 말을 듣자마자 나는 '맞아! 그때에는 그런 이름이 많았지' 하면서 옛 기억을 되살렸다. 하기야 1960년대 말경에는 '삼화'라는 이름이 친숙하지 '코리아'라는 영문 이름은 생소한, 그래서 일반인들은 별로 쓰지 않는 이름이었다. 그리고 굴뚝을 다시 보니 코리아 밑에 '삼화'라는 글자가 어렴풋이 보이는 듯 했다. 그런데 나는 이 삼화가 한자로 많이 쓰는 三和인 줄 알았는데 이 분의 설명을 들어보니 그게 아니었다. 삼청동의 '삼'과 화동의 '화'를 더한 것이라고 하니 한자로 하면 '三花'가 되겠다. 그런데 이 좋은 이름을 '코리아'라고 바꾼 것은 한국 제일의 목욕탕이 되자는 의미에서 그렇게 했다는 것인데 이 목적을 달

게스트하우스로 변신한 코리아목욕탕의 현재 모습

게스트하우스 내부

성했는지 여간 궁금한 게 아니다.

이 목욕탕은 계산해보니까 1968년 쯤 개업한 것 같다. 당시 삼청동에는 이 목욕탕이 유일해 많은 사람들이 이용했다고 한다. 신문 기사[6]를 보니 총리공관이 가까워 총리들도 오곤 했다는데 주인(장미수)에 따르면 이해찬 총리가 경호원을 대동하고 새벽에 왔는가 하면 고건 총리도 단골이었다고 한다.

영화배우인 도금봉 씨도 단골이었다고 하는데 60대 이상은 이 배우를 잘 알지만 젊은 사람들은 매우 생소할 것이다. 또 같은 배우인 김을동 씨나 탤런트 이정섭 씨가 단골이었다는데 우리들에게는 이런 이름들이 친숙하지만 40대 미만의 사람들은 잘 모를 것이다.

현재 이곳은 목욕탕 영업은 완전히 중단하고 '삼청동 코리아 게스트하우스'라는 이름으로 숙박업을 하고 있다. 목욕탕 영업을 중단한 배경은 아주 간단하다. 이 목욕탕을 애용하는 주민들이 삼청동을 떠나가는 바람에 영업을 계속하기 힘들었던 것이다. 사람이 없으니 영업이 안 되는 것은 당연한 일이다. 삼청동이 이렇게 된 배경은 잘 알려져 있어 상세한 설명이 필요 없을 것이다. 2007년인가 삼

---

6) 중앙일보 2010년 5월 1일자

한옥 사이로 보이는 코리아 목욕탕 굴뚝

청동 거리가 문화의 거리로 지정되면서 이곳의 땅값이 엄청 올랐다. 그런 호재(?)를 맞이하여 삼청동 주민들은 집을 팔았고 그렇게 해서 큰 돈을 거머쥔 주민들은 하나둘 씩 이곳을 떠났다.

삼청동의 공동화 현상은 이 목욕탕에 치명타가 되었다. 주인에 따르면 이전에는 하루에 100여 명의 손님이 왔다고 한다. 그런데 삼청동이 비어가면서 손님 수가 점점 줄어들어 수지를 맞추기 힘든 단계까지 간 모양이다. 그러나 아예 문을 닫을 수는 없어서 영업일수를 줄이는 방법을 택했다. 처음에는 주 3일(금토일)만 영업하는 것으로 단축했는데 그것도 안 돼 다시 주 1일(일) 영업으로 바꾸었다가 나중에는 그것도 힘들어 드디어 2017년에 완전히 문을 닫았다고 한다. 그리고 그 뒤로는 게스트하우스를 열어 그것으로 영업을 계속하고 있다(현재 2, 3, 4층을 게스트하우스로 쓰고 있다).

주인은 끝까지 목욕탕을 닫고 싶지 않았다고 한다. 목욕탕을 팔지 말라는 아버지의 유언도 있었지만 지금 삼청동에 남아 있는 거동이 불편한 노인들이 목욕하러 계동이나 낙원동까지 택시 타고 가야 하는 것을 생각하면 목욕탕을 폐업하는 것이 싫었다고 한다. 그러나 현실은 그렇게 녹록치 않아 결국 코리아 목욕탕 시대는 막을 내리게 된다. 지

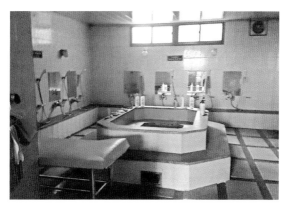

코리아 목욕탕 내부

금 이 건물에 가서 보면 이 집이나 근처에서 찍은 영상들에 대한 정보가 걸려 있다. 가장 유명한 것은 2013년 6월에 촬영한 MBC 프로그램 '무한도전'일 것이다. 나는 이 프로그램을 보지 않아 내용은 모르는데 출연진들은 아직 목욕탕이 부분적으로나마 영업할 때 온 것이다.

나는 2017년에 학생들과 같이 이 목욕탕 안으로 들어가 구경한 적이 있었다. 그때 목욕탕 앞에 도착하니 마침 안주인으로 생각되는 분이 있어 학생들을 시켜 이 건물에 대해 여러 가지를 물어보게 했다. 그랬더니 고맙게도 그 분은 우리를 건물 안으로 안내해 게스트 하우스가 어떻게 생겼는지 보여주고 설명해주었다. 그때 둘러보면서 받은 인상은 이곳은 소수의 사람들이 오는 숙소가 아니라 여러 명이 한꺼번에 묵는 MT나 OT 모임에 적합한 곳이라는 것이었다. 특히 지방에서 오는 단체 손님들이 이곳을 선호하는 것 같았다. 생각해보니까 북촌에는 이처럼 단체가 묵을 수 있는 곳이 없었다. 지역에 있는 단체들 가운데 북촌 탐방에 관심이 있다면 그 숙소로는 이곳이 유일할 것이라는 생각이 들었다.

코리아하우스 주변에서 - 서태지의 노래 '소격동'을 들으며　여기를 떠나기 전에 많이 언급되는 것은 바로 이 건물 주위에서 가수 서태지가 "소격동"이라는 노래의 뮤직비디오를 찍었다는 사실이다. 이 노래는 아이유가 부른 것도 있지만 뮤직비디오는 서태지 혼자 찍었다. 2014년에 발표된 이 노래나 뮤직비디오가 눈길을 끌었던 것은 서태지가 5년의 공백을 깨고 발표한 곡이기 때문일 것이다. 나는 이 노래가 발표될 때 이 사실을 알고 있었지만 내 세대가 듣는 음악이 아니라 한 번도 곡 전체를 들어 보지는 않았다. 그럼에도 불구하고 내게는 친숙한 '소격동'이라는 이름이 나와 '아니 어떻게 젊은 친구가 소격동을 노래 소재로 삼았대?' 하면서 꽤 의아해 했다. 그리곤 더 이상 그 노래에 대해서 관심을 두지 않았다.

서태지 뮤직비디오 '소격동' 촬영 계단

　그런데 이 글을 쓰게 되었으니 이 음악을 안 들어볼 수 없었다. 이 뮤직비디오를 찾는 것은 그다지 어렵지 않았다. 들어보니 곡이 상당히 괜찮았다. 게다가 소격동을 무대로 비디오를 찍어 장면들이 친숙했다. 그러다 서태지가 이 노래를 발표하고 방송에 나와 면담하는 영상을 발견했는데 들어보니 내가 모르는 새로운 사실이 많이 있었다. 가장 새로운 사실은 서태지가 어린 시절에 이 소격동에 살았다는 것이었다. 그 자리를 정확하게 추정해보니 지금은 아트 선재센터가 된 곳 부근이었다. 그는 이 면담에서 집 바로 앞에 보안사(지금은 국립현대미술관 서울관)가 보였고 민방위 훈련할 때인지 탱크가 지나다니는 것도 보았다고 했다.

　이 노래를 만든 이유에 대해 그는 자신은 예쁜 한옥 마을에 대한 추억이 있는데 그것이 사라져가는 것에 대한 상실감을 표현한 것이라고 전했다. 또 그런 아름다운 마을에서 가끔씩 무서운 일이 있었던 것을 표현하고 싶었다고 술회했다. 그의 그런 마음은 뮤직비디오에 잘 나타나 있다. '녹화사업'이라는 미명 아래 반정부 데모를 일삼았던 문제 학생들을 군대에 끌고 가는 모습이나 민방위훈련 때 등화관제하는 모습 등이 이 뮤직비디오에 들어 있어 아주 이채로웠다.

　뮤직비디오에 웬 등화관제훈련이? 　지금 젊은 세대들은 등화관제가 무엇인지 잘 모르겠지만 당시에는 한 달에 한 번씩 밤에 몇십 분 동안 모든 등을 끄는 훈련을 했다. 이것은 야간에 적기로부터 공습 받을 때를 대비하는 훈련이었다. 불을 모두 끔으로써 적기가 우리를 식별하지 못하게 한 것이리라. 그때에 이런 훈련을 하면서 우리는 이 독재정권이 국민들을 겁먹게 하려는 목적으로 행하는 훈련이라고 호된 비판을 많이 했다. 좌우간 그때는 그런 시절이었다.

　그런데 이 뮤직비디오를 보니 그 훈련을 하는 중에 남자 주인공이 '후라시(플래시)'를 들고 여자 친구를 만나러 가는 장면이 있었다. 나는 이것을 보고 '어? 이렇게 할 수 없었을 텐데..'하는 의아심이 크게 일었다. 왜냐하면 훈련을 할 때에는 개인이 거리를 다니는 일이 불가능했고 어떤 불도 용납하지 않았기 때문이다. 내가 이 사정을 잘 아는 것은 1980년쯤에 내가 민방위 대원으로 이 훈련에 참여했기 때문이다. 나는 그때 이 훈련이 시작되면 다른 대원들과 함께 동네를 돌아다니며 불 끄라고 소리치면서 다녔다. 어떤 집에 불이 조금이라도 보이면 대문을 걷어차면서 불 끄라고 소리를 지르곤 했다(사실 나는 이 짓을 우리 집에 가장 많이 했다). 민방위 대원도 갑이라고 '갑질'을 해댄 것이다. 공무원인 척 하며 민폐를 끼친 것이다. 그래서 그때의 사정을 잘 안다.

그런데 이 비디오에 나오는 것처럼 훈련 중에 손전등을 킨 상태로 들고서 어디를 다닌다는 것은 원천적으로 가능하지 않은 일인데 이 비디오에는 어떻게 이런 장면이 나왔는지 모르겠다. 서태지가 살던 이 동네는 그런 게 가능했는지 어떤지는 잘 모르지만 청와대나 보안사 바로 옆에서 이런 일이 벌어진다는 것은 상상하기 힘들다. 그 자세한 사정은 본인한테 물어보아야 알 수 있을 터인데 그런 일은 가능하지 않을 것 같다.

끝으로 한 가지를 더 첨언하면, 이 등화관제 훈련을 말할때마다 반드시 생각나는 것이 있다. 이것은 우리의 주제와 직결되는 것은 아니지만 진귀한 경험이라 소개해보는 것이다. 1980년 전후에 나는 어린이 대공원이 있는 중곡동 근처에 살았는데 그때 이 등화관제 훈련에 참여했다가 경험한 이야기이다. 불 켜놓은 집을 적발하고 감시하기 위해 거리를 다니던 나는 자연스럽게 하늘을 보았다. 그랬더니 놀랍게도 은하수가 보였다. 그것도 아주 선명하게. 그때 나는 '아니 서울의 하늘에서 은하수를 볼 수 있다니...' 하면서 얼마나 놀랐는지 모른다. 그때까지 우리는 서울은 공기가 나빠 밤하늘의 은하수를 보지 못한다고 생각했다. 그런데 시내의 불이 모두 꺼지자 그 찬란한 은하수가 나타난 것이다. 인간들이 조금 밝게 살겠다고 온갖 불을 다 켜놓는 바람에 은하수가 하늘에서 사라졌다는 것을 그때 처음 알았다. 그 뒤로 다시는 서울 하늘에서 은하수를 볼 수 없었다. 서울의 밤하늘에는 별이 10개도 안 보인다. 그야말로 칠(漆)흙 같은 세상이 된 것이다. 밤하늘을 송두리째 잃었어도 그것을 아쉬워하는 사람을 본 적이 없다.

내가 여기에서 서태지의 뮤직비디오에 대해 비교적 자세하게 설명하는 것은 그 음악을 소개하려는 것이 아니다. 주된 목적은 서태지와 같은 처지에 있는 사람들의 마음을 대변해보고 싶은 데에 있었다. 자신이 살았던 아름다운 동네가 돈만 아는 인간들에 의해 파괴되는 모습을 목도하면서 느끼는 마음을 헤아려 보고 싶었던 것이다. 이 북촌이 어떻게 변질되었는지는 이미 앞 권인 『동 북촌 이야기』에서 설명했으니 더 이상 언급이 필요 없을 것이다. 내가 북촌을 다니던 2000년 전후와 지금의 북촌은 사뭇 다르다. 옛날에 중국인들이 말하길 '고려 공사(公事)는 3일을 못 간다'고 했다고 한다. 한국인들이 무슨 일을 하던지 조급하게 몰고 가는 모습을 이렇게 비아냥거린 것이다. 지금의 한국인도 꼭 그런 꼴이다. 과거 것을 가만히 놓아두지 못하고 자꾸 고친다. 그러는 과정에 우리의 고향은 하나둘씩 사라져 간다.

앞에서 언급한 목욕탕 관계자에 따르면 이전에는 이곳에 나무와 꽃이 아주 많았다고 한다. 그래서 자료를 찾아보니 이곳에는 궁의 꽃과 과일을 담당하는 관청인 장원서(掌苑署)가 있었다고 한다. 이 관청이 있던 곳에는 표지석이 놓여 있다. 이 표지석의 위치는 나중에 돌아오는 길에 다시 언급할 것이다. 이곳의 행정지명이 화동(花洞)이 된 것은 이런 연유에서였다(이에 대해서는 다른 설도 있다). 앞에서 말한 대로 내가 다녔던 학교가 바로 이곳에 있었는데 교가를 보면 '이 서울 이름 높은 화동 언덕에'라는 구문이 가장 먼저 나온다.

그때에는 왜 이곳을 화동이라고 하는지 전혀 몰랐다. 누가 가르쳐주지도 않았고 또 알려고 하지도 않았다. 그때는 과거 역사나 문화에 대해서 거의 관심이 없던 시대였다. 그저 하루 벌어 하루 먹는 것이 인생의 전부였으니 말이다. 어떻든 이곳이 왜 화동이라고 불렸는지 아는 데에 근 50년이 걸린 셈이다.

마지막으로 이곳에서 길 하나를 추천했으면 한다. 그것은 이 목욕탕 앞에서 세계 장신구 박물관으로 가는 길로 행정명은 북촌로5나길로 되어 있다. 이 길은 그나마 옛 모습이 조금은 남아 있는 북촌 골목길 중의 하나라 한 번 걸어볼만 하다. 특히 한옥이 있는 부분을 걸으면 옛 정취가 살아나 아주 좋다. 이 길은 서태지의 뮤직비디오에도 잠깐 나오는 것 같은데 계단 길 바로 밑에 있으니 찾기에 어렵지 않을 것이다.

소격동에 있었던 도교 사당 이야기 - 삼청동 이름의 유래는?
서태지의 노래에도 나오지만 이곳의 행정지명은 소격동이다. 이곳의 이름이 소격동이 된 이유를 아는 사람은 그리 많지 않지만 그것을 아는 사람도 자세한 내막은 잘 모를 것이다. 이름이 도교라는 특정 종교와 연결되어 있기 때문이다. 이 이름의 유래에 대한 가장 일반적인 설명은 이곳

북촌로5나길

세계 장신구 박물관

에 도교 계통의 신인 태일신[7])을 모시던 '소격서(昭格署)'라는 사당이 있어 그렇게 되었다는 것이다. 이것은 흡사 명륜동이라는 이름이 성균관 안에 있는 명륜당에서 유래한 것과 같은 경우라 하겠다. 그런데 조선조 때에는 이 사당에서 하늘이나 별을 대상으로 제사를 지냈다고 한다.

이 사당에 대한 설명들은 대부분 거기서 끝나는데 한 번만 더 생각해 보면 의문이 생기는 것을 막을 수 없을 것이다. 주지하다시피 성리학 순혈주의에 빠진 조선 왕조는 다른 사상이나 종교를 철저하게 배격했다. 이 때문에 가장 타격을 많이 받은 것은 말할 것도 없이 불교였다. 승려들은 한양 도성 안으로 들어올 수 없었을 뿐만 아니라 그 자연스러운 결과로 불교는 도성 안에 절을 세울 수 없었다(유일한 예외가 원각사였는데 그것도 철폐되고 탑과 비만 남게 된다). 그런 조선 왕조인데 왕궁 바로 옆에 도교 사당이 있는 것이 이상하지 않은가?

이 소격서에 대한 이야기는 한국도교사를 보면 반드시 나오는 주제이다. 또 이야기 거리도 많다. 그러나 내용이 꽤 전문적이라 이런 일반 교양서에서 발설하기가 꺼려지

°°°°°°°°°°°°°°°°°°°°°°°°°°°°°°

7) 태일신(太一神)이란 그 이름이 '큰 하나'를 뜻하니 가장 시원의 신이라고 생각하면 되겠다.

소격서 표지석

는데 그런 사정을 감안하고 아주 간단하게 보자. 이 소격
서의 역사는 고려 조까지 올라간다. 고려 때에는 도교 신
앙이 꽤 유행해 궁궐 안에는 복원궁(福源宮)이라는 도교 사
원이 건립되었고 이 이외에도 많은 도교 사당이 있었다.
그랬던 것이 조선으로 바뀌면서 이 도교 계통의 사원들은
모두 없어지고 소격전 하나만 남게 되었다. 이 사당은 소
격전이라 불린 데에서도 알 수 있듯이 원래는 '전'으로 불
렸는데 세조 때 한 단계 강등되어 소격'서'라 불리게 된다.
이 안에는 태일신을 모시는 사당이 있었는데 여기에 삼청
전이 나중에(아마도 성종 대) 건립되게 된다.

　내가 이런 별로 중요하지 않은 도교 사당들을 시시콜콜

하게 언급하는 이유는 이 사당의 이름이 이 동네 이름과 직결되기 때문이다. 소격동에 대해서는 이미 말했고 바로 옆 동네가 삼청동이 된 것도 여기에 삼청전이라는 건물이 있었기 때문이다.[8] 흔히들 하는 말이 이곳은 세 가지 그러니까 산과 물과 사람(의 마음)이 맑아, 즉 '산청(山淸), 수청(水淸). 인청(人淸)'이라 삼청동이라는 지명이 생겼다고 하지만 그것은 후대에 억지로 만들어낸 설명 같다(특히 인청이라는 단어는 아주 어색한데 이런 단어는 없기 때문이다). 도교에서 말하는 삼청은 그런 것이 아니다. 도교의 삼청은 옥청(玉淸), 상청(上淸), 태청(太淸)으로 가장 높은 신들을 지칭한다. 이 삼신을 제 지내는 곳이 바로 삼청전인 것이다. 이러한 것은 도교사를 공부하지 않으면 알 수 없는 것인데 다소 전문적이지만 이곳의 지명과 관계가 되기에 한 번 언급해 보았다.

이 소격서는 조광조와도 관계가 있다. 조광조는 주지하다시피 이념적으로만 보면 성리학 유일주의로 똘똘 뭉친 근본주의자(fundamentalist)이다. 그래서 그는 성리학 이외의 어떤 사상도 용납할 수 없었다. 그런 그에게 소격서

----

8) 이 바로 옆에 있는 총리 공관 안에도 '삼청당'이라는 건물이 있다고 하는데 그곳은 들어가는 일이 애당초 불가능하니 확인할 수 없었다. 단지 블로그 등에서 확인할 수 있을 뿐이었다.

는 매우 불순한 것이었다. 그는 유교의 바다인 이 성스러운 도시 한양 도성에, 그것도 왕성 바로 옆에 잡신을 모시는 사당이 있는 것을 용납할 수 없었다. 그래서 그는 중종에게 끊임없이 소격서를 없애달라고 요청했다. 또 여기에는 부응하는 세력도 꽤 많았다. 이 과정에 대해서는 많은 이야기가 있지만 모두 생략하기로 한다. 이 같은 조광조의 너무도 끈질긴 소격서 폐지 요청에 중종은 하는 수 없이 폐지를 결정한다. 그러나 조광조가 사화로 숙청되자 소격서는 부활한다. 그랬던 것도 잠깐이고 임진왜란 때 궁궐과 관계된 것들이 모두 불타 없어졌는데 그 뒤에 소격서는 다시는 부활하지 못했다. 이 이야기의 요지는 다음과 같이 정리될 수 있을 것이다. 전통적인 것을 지키려는 왕과 외래 사상의 입장에서 그것을 바꾸려는 신료 사이의 전형적인 갈등으로 볼 수 있겠다는 것이다. 조선은 그 역사 동안 왕과 신료들 사이에 끊임없는 쟁투가 이어졌는데 이런 작은 것을 가지고도 대립하고 있어 재미있다.

서 북촌 오르면서 주위 살피기

삼청동을 밑으로 바라보며 이리로 올라온 김에 우리는 앞으로 더 가자. 여기부터는 유적이 없기 때문에 왼쪽으로 펼쳐지는 경복궁과 삼청동의 경치를 바라보며 걸으면 된다. 여기서 재미있는 것은 민속박물관 위에 지어 놓은 짝퉁 삼형제 건물이 잘 보인다는 것이다. 특히 금산사 미륵전이나 법주사 팔상전을 모방해 만든 건물이 을씨년스럽게 보이는데 여기서 보면 '어떻게 저렇게 무식하게 건물을 지을 수 있을까' 하는 생각이 절로 난다. 그래서 나는 이 건물들을 못난이 삼형제라고 부른다. 또 밑을 보면 사진처럼 올망졸망한 한옥들의 지붕이 보인다. 이 집들은 거의 백년 된 집이라 정겹다.

사실 나는 북촌으로 들어갈 때 이 길로는 잘 다니지 않고 오른쪽으로 틀어서 골목길로 해서 간다. 그러니까 '차뜰'이라는 다실이 있는 골목으로 들어가 그곳에 있는 한옥을 보면서 북촌한옥길 쪽으로 간다는 것이다. 여기에 있는 집들을 보면 온전하게 옛 모습을 간직하고 있는 집이 거의 없다. 집이 너무 추우니까 바깥담에 타일이나 시멘트를 발라 놓은 것이 특히 그렇다. 이렇게 해 놓으면 집의 외관은 망가지게 되는데 사는 사람이 추워서 그렇게 한 것을 두고 거기 살지도 않는 내가 무엇이라고 할 수는 없을 게다.

북촌을 다녀 보지 않은 사람들과 이곳에 오면 나는 이 골목에서 북촌에 대해 설명을 해준다. 이곳이 한가하기 때

올망졸망 모여 있는 한옥들

문이다. 여기에 있는 작은 한옥들 앞에서 이 집들이 사실
은 정세권이라는 분이 1930년대에 지어 분양한 것이라는
설명부터 시작한다. 그렇게 말하면 사람들은 대체로 놀라
는 표정을 짓는다. 아주 오래된 한옥인 줄 알았는데 20세
기에 지은 것이라고 하니 놀랍고 또 지은 사람의 이름까지
알려져 있으니 더 놀라운 표정을 짓는다. 이에 대한 자세
한 이야기는 앞의 두 권(익선동과 동 북촌 이야기)에서 충분
히 설명했으니 여기서는 더 이상 언급하지 않아도 되겠다.
여기에서 북촌전망대를 방문하고 싶은 사람은 이 길로 가
면 되는데 우리는 다시 밑에 있는 큰 길로 내려가서 그 길
주변에 얽힌 이야기들을 살펴 볼 것이다. 이 북촌전망대는

우리가 조금 뒤에 보게 될 동양문화박물관과 더불어 북촌의 경관을 잘 볼 수 있는 곳으로 유명하다. 두 곳 다 입장료를 받는데 날씨 좋은 날 가면 좋은 경치를 감상할 수 있다.

숲만 보이는 총리 공관을 바라보며　우리는 이 길을 계속해서 올라가면서 왼쪽에 펼쳐지는 풍경을 감상하면 된다. 그런데 이전에는 이 길 변에 삼청동을 전망하는 곳이 있었다. 그러다 한 동안 수리한다고 막아놓더니 2018년 6월에 다시 가 보니 그 전망대가 아예 없어져버렸다. 그곳에서 보는 전망도 괜찮았는데 아쉬운 생각이 든다. 그러나 전망대가 없어도 경관을 보는 데에는 문제없다. 특히 인왕산이 잘 보이고 청와대의 춘추관, 즉 프레스센터 건물도 잘 보인다. 이곳에서 볼 수 있는 것 가운데 빼놓을 수 없는 것이 바로 총리 공관이다. 여기서 보면 바로 밑에 숲이 보이는데 이곳이 총리 공관이다. 그런데 나 같은 평민들은 그 안에 들어갈 수가 없으니 어떤 건물이 있는지 전혀 관심을 갖지 않았다. 학생들에게 설명할 때에는 그저 가을에 오면 공관의 단풍이 좋다고만 알려주곤 했다.

그러다 이번에 이 책을 쓰면서 도대체 이 안에 무엇이 어떻게 있는지 조사해보았더니 나름대로 재미있는 결과가 나왔다. 이 위에서 보면 공관 안에 있는 한옥 지붕이 보인다. 그래서 그 집을 볼 때 마다 건물이 총리 숙소인가 하면서 항상 궁금해 했다. 청와대의 경우 대통령 숙소가 한옥으로 되어 있어 그렇게 생각해본 것이다. 그런데 그 예측은 틀렸다. 그곳은 삼청당이라는 한옥으로 공관을 방문하는 손님들을 대접하는 연회 장소로 쓰이고 있었다. 한옥이라고 하니까 또 궁금증이 생겼다. 얼마나 오래 된 집인지 궁금해진 것이다. 그래서 다시 조사해보았더니 원래 그곳에는 한옥 건물이 하나 있었는데 그것을 증축하고 개수해 1979년에 완성한 건물이 지금 있는 한옥인 것이었다. 원래 이 자리는 고종 때 왕자들이 거할 수 있는 태화궁(太和宮)이 있었던 자리라고 해서 혹시나 그 궁 건물 중의 하나가 아닌가 했는데 그것은 아니었다. 이 한옥은 최근에 지은 건물이었고. 여기에 박정희가 '삼청당'이라는 글씨를 써서 현판을 걸게 했다고 한다. 이게 박정희가 암살당한 1979년의 일이니까 이 글씨가 그의 마지막 공식 글씨가 될지 모르겠다는 생각이 든다.

총리 공관은 그 앞에 있는 2층 건물인데 이 건물은 숲에 가려져 잘 안 보인다. 총리의 숙소는 이 집의 1층이고 2층은 회의실로 쓰이고 있다는데 이 집의 내력을 살펴보니 안타까운 점이 있었다. 이 건물은 1985년까지 이곳에 있었던 일본식 목조 건물을 헐고 새로 지은 것이라고 한다. 아쉽

총리공관

다는 것은 이 옛 건물을 헐었기 때문이다. 그게 있었으면
귀중한 자산이 되었을 텐데 못내 아쉽다. 혹시 사진이라도
있을까 해서 찾아보았는데 쉽게 나타나지 않았다.

이곳은 한국의 근현대사가 담긴 장소라고 해 2013년에
서울 미래유산으로 지정되었다고 한다. 그런데 이곳이 진
정한 유산이 되려면 이 옛집이 잔존해 있어야 할 텐데 어
떤 심산으로 미래유산으로 지정한 것인지 모르겠다. 서울
시는 그래도 총리가 1961년부터 이곳에 거주했으니 현대
사의 산실로 생각한 모양이다. 그렇다고는 하지만 그 집을
헐지 않고 살리면서 새롭게 지을 수 있지 않았을까 하는
생각을 지울 수가 없다. 그러나 당시는 전두환 때 아닌가?

테니스장 만들겠다고 종친부 건물을 옮긴 치들이니 일제시대 때 지은 건물 없애는 일은 아무 것도 아니었을 것이다.

이 공관 안에는 천연기념물로 지정된 나무가 2그루나 있단다. 이 나무들을 직접 본 것은 아니고 사진을 보고 그 사실을 알았다. 수령이 약 900년 된 등나무와 약 300년 된 측백나무가 그것인데 등나무는 한국에 있는 등나무 가운데 가장 나이가 많고 측백나무는 한국에서 가장 큰 측백나무라고 한다. 이렇게 설명은 하지만 그 현장은 다른 사람의 블로그에서나 확인할 수 있을 뿐 내가 직접 들어가 볼 수는 없으니 무슨 의미가 있겠나 하는 생각도 든다.

암울한 현대사의 현장 - 수방사(수경사) 건물을 바라보며 그러다 고개를 들어 북악산 밑자락을 보면 주황색의 큰 건물이 있는 것을 발견할 수 있다. 나는 이전에 그 건물이 무엇인지 전혀 몰랐고 주위에 물어봐도 아는 사람이 없었다. 이 건물의 정체가 궁금해서 한 번은 그 건물 쪽으로 가서 보니 들어가는 문에도 아무 표시가 없어서 도저히 그 안에 무엇이 있는지 알 수 없었다. 그런데 이렇게 아무 간판도 달아 놓지 않은 건물이 있다면 그것은 군 관계, 그중에서도 기밀을 요하는 군대와 관계가 있을 가능성이 높다. 그 뒤로 이 건물의 정체를 알기 위해 여기 저기 탐문해 보았

는데 이곳이 수경사, 즉 수도경비사령부라는 정보를 입수
할 수 있었다. 지금은 수도방위사령부(수방사)로 이름을 바
꿨다. 나는 이 사실을 확인하기 위해 그 부대 앞의 동네를
돌아다녀 보았다. 삼청동의 골목길을 돌아다닌 것인데 그
때 보니 부대 안에 군인트럭이나 장갑차 같은 것들이 보였
다. 들은 대로 분명 수방사였던 것이다.

우리는 이 부대에 대해서 조금은 알고 있어야 한다. 왜
냐하면 이 부대는 한국의 현대사와 직결되기 때문이다. 아
는 사람은 다 알지만 이 부대는 원래 경복궁 안에 있었다.
당시 우리는 이 부대가 경복궁에 있다는 것을 알고 있었
다. 그러나 그때는 그러려니 하면서 별 의문을 가지지 않
았다. 군부대가 왜 경복궁 안에 있는지에 대해 별 의문을
갖지 않았다는 것이다. 그때에는 그게 당연하게 보였다.
군인들 세상이었으니 그럴 만하지 않은가? 지금 생각하면
말도 안 되는 것이지만 당시에는 청와대 주위에 군대들이
주둔해 있는 것이 전혀 이상하지 않았다.

이 경복궁에 있던 부대에 대해 알고 있어야 하는 이유는
전두환과 노태우 역도(逆徒) 무리들이 바로 여기에서 1979
년에 12. 12 쿠데타를 모의했기 때문이다. 그들은 여기에서
당시 계엄사령관이자 육군참모총장이었던 정승화 대장을
한남동 공관으로 찾아가 체포했다. 이 사건 이후로 당시

보안사령관이자 합동수사본부장이었던 전두환은 권력을 찬탈할 수 있었고 대통령으로 가는 길을 닦았다. 이 치들은 역모를 성공적으로(?) 끝내고 자기들끼리 잔치를 하는데 나는 그때 그 잔치하던 곳이 수방사(당시는 수경사)로 알고 있었다. 그러니까 경복궁으로 돌아와 수방사에서 기념회식을 했던 것으로 알고 있었다는 것이다. 그런데 이번에 자료를 찾아보니 수방사가 아니라 보안사 식당(현재 국립현대미술관)에서 자축연을 가진 것 같다. 이때 이 치들이 술을 마시는 장면은 동영상으로도 남아 있다. 그리고 쿠데타를 일으킨 직후에 이 치들이 모여 찍은 단체 사진도 있는데 이 사진은 인터넷에서 쉽게 찾을 수 있다.

나는 이때 대학을 졸업한 때라 당시 사정을 잘 아는데 이 지면은 그것을 밝히기 위한 것이 아니니 그냥 지나가기로 하자. 여기서는 이 부대의 위치에 얽힌 이야기만 하고 다음 장소로 가야겠다. 이 부대의 역사가 꽤 복잡해 다 볼 수는 없고 경복궁에 있던 부대에 대해서만 보기로 하자. 나는 이 부대가 막연하게 수방(경)사라고만 알고 있었는데 정확하게 말하면 이 부대는 30경비단이라 불리는 부대로 수방사의 여러 부대 중의 하나일 뿐이다. 이 부대는 1961년에 경복궁에 들어와 1996년까지 그곳에 있었다(그 뒤에 1경비단으로 부대 이름이 바뀌게 된다). 부대의 정확한 위치를

전두환 쿠데타 무리들이 역모를 일으킨 직후에 찍은 사진

수방사 건물

말하면, 신무문 쪽에 있는 집옥재나 태원전 등이 있는 자리였다. 이 태원전은 현재 복원되어 있는데 나는 이전에 이 부대가 들어오면서 이 태원전이 없어진 줄로 알았는데 그것은 사실이 아니었다. 1900년대 사진에는 태원전이 있었는데 1920년 경 제작된 『조선고적도보』에는 없는 것을 보니 이 건물도 일제가 허물어버린 것이다. 예의 공진회니 뭐니 하면서 없애버린 것이다. 당시에는 경복궁에 군부대가 있다는 것이 전혀 이상하지 않았는데 2002년부터 시작된 경복궁 복원공사가 진행되는 중에 그곳을 가보니 상당히 넓은 곳이라는 것을 알 수 있었다. 시내에 이렇게 넓은 지역에, 그것도 궁궐 안에 군부대가 있었다는 것이 실감나지 않았다.

이 부대는 수도 안에서 청와대나 북악산, 인왕산 등 한양도성의 일부를 지키는 것을 주된 업무로 하고 있다. 지금 우리가 있는 지점에서도 보면 청와대 오른쪽 위에 군인들이 지키고 있는 요새 같은 것이 보인다. 그 뿐만이 아니다. 자하문 쪽에 있는 성벽을 타고 올라가면서 보면 군인들을 만나게 되고 그들이 거주하고 있는 부대도 보인다. 그리고 인왕산에 올라가도 군인들이 지키고 있는 요새 같은 것이 있는데 이것들이 모두 이 부대에 속해 있는 모양이다.

청와대 상공에 나타난 UFO 추정 물체에 포격하는 모습을 그린 그림

　　좌우간 청와대가 이곳에 있는 바람에 우리 시민들이 여
간 귀찮은 게 아니다. 청와대를 세종 시처럼 조금 한적한
데로 옮기면 수도 한 복판에서 중무장한 군인들을 안 볼
수 있을 터인데 그 이전이 왜 힘든지 모르겠다. 또 이 자리
와 관계해서 기억나는 것은 이곳에서 있었던 UFO 출몰
사건이다. 1976년 10월 14일 저녁 6시경에 청와대 상공에
UFO로 추정되는 물체가 여러 대 나타나 대공포를 쏜 적
이 있었다. 이 때문에 그 유탄을 맞아 사람이 죽고 부상을
당하는 등 참변이 있었다. 이때에 이 대공포를 쏜 것도 이
부대였을 것으로 생각돼 한 번 거론해 보았다.

주변을 더 돌아보며 그곳에서 조금만 더 가면 '돌계단길 가는 길'이라는 안내판이 나온다. 이 길로 내려가면 삼청동 찻길이 나오는데 이곳이 바로 총리 공관 앞이다. 그곳으로 내려가다 보면 큰 길 다 가서 돌계단이 나오는데 이 계단은 천연 돌에다가 계단을 만들었기 때문에 주목을 받는다. 이전에는 이 계단을 북촌 8경 중 마지막이라 했는데 요즘은 그렇게 부르지 않는다. 나는 이 돌계단 바로 옆에 있는 한옥에서 몇 년 동안 사람들에게 종교에 대해 가르친 적이 있어 이 부근을 잘 안다. 이 돌계단은 좋은데 그 주변은 그다지 보기에 좋지 않다. 특히 이 돌계단 위에 있는 시멘트 계단이 아주 을씨년스럽다. 이 돌계단을 보려면 내려갔다 와야 하겠지만 다시 올라오려면 조금 힘들 것이라는 것을 잊어서는 안 된다.

이 계단 입구 바로 앞에는 '북촌생활사 박물관'이라는 곳이 있다. 이곳은 2003년에 개관했다고 하니 이 지역에서는 가장 오래된 기관이 아닐까 한다. 이 동네는 자꾸 바뀌는데 이곳은 꽤 오랫동안 터를 지키고 있는 셈이다. 이곳에서는 지난 100년 동안 북촌에 살던 사람들이 실생활에서 사용하던 물건들을 모아 전시하고 있다. 이 박물관의 소개문을 보니 펌프, 지게, 찬장, 장롱, 복식 등 약 170점이 전시되어 있는 것을 알 수 있다.

북촌생활사 박물관

북촌생활사 박물관 외벽에 걸려 있는 북촌 예전 사진들

북촌 생활사박물관에 전시된 풍로

북촌 생활사 박물관 내부 모습

그런데 나는 이런 곳에 잘 들리지 않는다. 왜냐하면 이런 데에 있는 것은 대부분 내가 어릴 때 집에서 실제로 쓰던 것이기 때문에 새롭다는 느낌이 들지 않기 때문이다. 또 여성들이 쓰던 것들은 크게 관심이 가지 않으니 그것에 대해서도 별 감흥을 갖지 못한다. 예를 들어 요강의 경우 지금은 이것을 쓰는 사람이 거의 없지만 내가 어렸을 때인 1960년대에는 우리 집에서도 썼고 많은 사람들이 썼던 것이라 새롭다는 생각이 들지 않는다. 게다가 입장료를 받으니 들어가 보겠다는 생각은 잘 들지 않았다. 그러나 이 지역을 답사하고 제대로 알리려면 들어가 보지 않을 수 없어 처음으로 들어가 보았다.

들어가 보니 그래도 관심을 끈 물건이 몇 개 있었다. 가령 사진에서 보는 것처럼 곡식에서 불순물을 걸러내는 체같은 것이 그것이다. 이 기구는 1960년대나 1970년대에는 집집마다 있었는데 지금은 다 없어졌다. 내가 이 기구에 대해 갖는 추억은 이것을 조리 도구가 아니라 농구 골대로 활용했다는 것이다. 이 체의 밑에 있는 그물을 걷어내고 벽에 붙여 놓으면 농구 골대 같은 역할을 했다. 당시에는 공원이라는 게 아주 드물어서 가서 놀 데가 없었다. 그래서 그 좁은 집에 이런 걸 만들어놓고 놀았다. 그 외에 알라딘 난로나 석유풍로 혹은 연탄 화덕 등도 옛 추억을 상기

체

시켜 주었다. 알라딘 난로라 불렸던 이 난로는 당시 굉장
히 유행했는데 석유난로이면서 석유 타는 냄새가 덜해 인
기가 있었다.

　만일 이 집에 들어갈 시간이 없다면 이 박물관의 외벽에
걸어놓은 북촌의 이전 사진만 보고 가도 좋겠다. 여기 있
는 사진들은 대부분 없어진 장소들에 대한 것이다. 그 중
에서 내 눈을 끌었던 것은 동 북촌에 있는 중앙탕의 내부
사진과 겨울연가의 주인공이었던 유진(최지우 분)의 집 사
진이었다. 이런 장소들은 이전 책(『동 북촌 이야기』)에서 말
한 대로 다 없어지거나 바뀐 상태로 있다. 그래서 여기에
있는 사진을 보면 원래 상태를 볼 수 있어 좋다.

여기는 이 정도면 됐다. 이제 우리는 북촌 안으로 들어가야 하는데 북촌의 메인스트리트인 북촌한옥길을 위에서 잠깐 보고 다시 아까 온 길로 내려갈 것이다. 그래야 30~40분 걸리는 짧은 답사를 마칠 수 있다. 한옥길 아래로 내려가면 새로운 답사를 시작하는 것이 되어 다 마치려면 시간이 한 시간 이상 걸린다. 그래서 이 북촌한옥길부터 종로경찰서 앞까지의 답사는 다음 기회를 기약해야 한다. 그때에는 물론 안국역 1번 출입구에서 만나 답사를 시작할 것이다.

맹사성 집터 앞에서 북촌생활사 박물관을 끼고 안으로 들어가면 곧 또 역사적인 명소를 만나게 된다. 맹사성 집터가 그것이다. 나는 맹사성을 생각하면 여기에 있는 집터보다 지금 아산(온양)에 있는 맹씨 행단(杏壇), 혹은 맹사성 고택이라 불리는 집이 생각난다(이 집 앞에 은행나무가 있어 행단이라 불린다). 이 집은 고려 말이나 조선 초의 건축 양식을 갖추고 있는 집으로 한국에 남아 있는 살림집 가운데에 가장 오래된 것이라고 한다. 꽤 오래 전의 일이지만 나는 이 집에도 가 보았는데 이 집은 우리가 흔히 보는 한옥들과는 구조가 사뭇 달랐다. 최근에는 이 집을 가보지 못해 소식을 모르고 있었는데 2017년에 이 집 앞에 맹사성 기념

맹사성 집터를 알리는 안내판

관이 세워졌다는 소식을 접할 수 있었다. 또 재미있는 것
은 그의 성씨의 본관인 신창이라는 지명이 현재에도 이름
을 남기고 있다는 것이다. 수도권 전철 1호선의 종착역이
신창역이니 말이다. 신창면에 역이 세워져 신창역이라고
한 것이다.

　우리가 지금까지 맹사성을 기억하는 것은 그가 조선 초
의 대표적인 청백리로 이름이 나 있기 때문이다. 그는 조
선의 명재상인 황희 등과 더불어 세종을 보좌하면서 조
선 초기에 새로운 정치 문화를 만드는 데에 진력했다. 내
가 그에 대한 이야기를 기억하는 것은 실록과 관계된 것
이다. 우의정이었던 시절 그는 『태종실록』을 편찬하는 데

에 관여했다. 이때 세종이 이 실록의 내용이 보고 싶다고 신하들에게 자신의 의견을 표했다. 그러자 맹사성이 나서서 '왕이 실록을 보고 고치려 한다면 사관들이 두려워 있는 그대로 쓰지 못할 것'이라면서 강력하게 반대했다. 어진 세종은 이 말을 듣고 곧 자기 태도를 고쳐 실록 보는 일을 단념한다. 이 때문에 그 뒤로 왕들은 실록을 보지 못하게 된다. 가장 훌륭한 선조 왕인 세종이 보지 않았으니 자기들도 볼 수 없었을 것이다(심지어는 연산군도 실록을 보지 못했다)

나는 강의 중에 세종이 이런 선례를 남겼기 때문에 실록을 황제가 보고 고쳤던 중국과는 달리 조선은 역사 기록의 공정성을 확보할 수 있었다고 조선의 인문 정신을 치켜세우곤 했다. 중국의 명실록이나 청실록은 유네스코 세계기록유산에 등재되지 않지만 조선왕조실록은 이 같은 공정한 역사정신이 인정되어 세계유산으로 등재되었다는 것도 잊지 않고 전한다.

맹사성과 그의 가족 이야기   그런데 맹사성의 가계도를 보면 조금 이상한 점이 있다. 그의 조부와 부친은 고려 말에 높은 관직에 있었다. 그 자신도 이미 고려 때 관리로 재직하고 있었다. 이 집안이 고려 때 명문 집안이었다는 것은,

할아버지인 맹유는 최영과 사돈지간이었고 아버지인 맹희도는 정몽주와 아주 가까운 사이였다는 데에서 알 수 있다. 이 같은 고려 최고의 신하들과 가까웠으니 맹 씨 집안이 얼마나 강력한 권문세가인지 알 수 있겠다. 특히 맹사성은 최영의 손녀와 결혼했으니 그가 고려의 실세와 얼마나 가까웠는지 알 수 있을 것이다.

그런데 이 상태에서 고려가 점차 스러지자 조부와 부친은 당연히 세상을 등졌다. 이성계에게 부화뇌동할 수는 없었기 때문이었다. 그러다 이성계가 위화도 회군을 강행한 후 최영을 죽이자 그 1년 후에 그의 조부도 죽게 된다. 맹사성의 부친은 이때 살벌한 개경을 떠나 이 맹씨 행단으로 오게 되는데 그것은 이 집이 최영 장군이 살던 곳이기 때문이었다. 맹사성의 처가 최영의 손녀였기 때문에 이런 일이 가능했던 것 같은데 자세한 사정은 잘 모르겠다. 손녀가 어떻게 할아버지 집을 유산으로 받을 수 있었고 그 집에 남편과 시아버지가 같이 살 수 있게 되었는지 잘 모르겠다는 것이다.

어떻든 맹사성과 그의 부친은 이 집에 살다가 조선의 건국을 맞게 된다. 그 뒤로 왕이 된 이성계는 그의 부친에게 조정에 나와 정치를 같이 할 것을 종용했는데 그는 응하지 않았다. 그러다 맹사성의 스승이었던 권근이 그의 부친에게 같은 권유를 했는데 충분히 예상할 수 있는 것처럼 그의 부친은 응하지 않았다, 그에게 이성계는 원수와도 같은 존재라 이성계에게 협력하는 일은 차마 할 수 없었을 것이다. 사돈인 최영도 죽이고 친했던 정몽주도 죽였으니 그런 이성계를 어찌 도울 수 있었겠는가.

그런데 그런 그가 아들이 관직에 나아가는 것은 막지 않았다. 조선이 개국하고 맹사성은 바로 관직에 올라가게 되는데 자신의 아들을 관직에 오르게 한 맹희도의 의도를 정확하게 알 수는 없다. 굳이 추측 해본다면 아마도 집안을 살리려고 어쩔 수 없이 출사를 허락한 것 아닌지 모르겠다. 집안을 유지하려면 재력과 권력이 필요하니 새 왕조에 편승한 것 아닐까 하는 생각이다. 어떻든 이런 과정을 겪고 조선의 관리가 된 맹사성은 본인의 집안이 고려조를 배반한 변절의 가문이라는 멍에를 계속해서 갖고 살지 않았을까 하는 추측을 해본다. 그래서 그런지 그는 더욱더 자신의 행동거지에 조심하고 청렴한 관리가 되려고 노력한 것처럼 보인다.

이런 배경이 있어서 그런지 몰라도 맹사성을 둘러싸고 후대에 많은 이야기가 생겨났다. 예를 들어 일이 끝나고 난 다음에 그가 남루한 차림을 하고 다녔다느니, 혹은 검은 소를 타고 피리를 불고 다녔다느니 하는 것 등이 그것이다. 이런 소문 때문으로 생각되는데 세종을 주제로 한 TV 드라마에서는 실제로 그가 검은 소를 타고 피리를 부는 모습까지 재연해 방영한 적이 있었다. 그런데 그가 소를 타고 다니면서 피리를 불었다는 것은 조금 생각해 볼 여지가 있을 것 같다(아산에 있는 기념관에는 그가 불었다고 하는, 옥으로 만든 피리가 보관되어 있다). 고위 관리였던 그가 광대가 연주하던 피리를 불었다는 게 믿기 힘들기 때문이다. 그런데 "실록"을 보면 그가 음률에 밝아 악기를 만들었다는 기록이 나오기는 한다(세종 20년 10월 4일). 또 세종이 궁중음악을 정비할 때 맹사성이 참여한 사실도 있다.

그런데 그렇다고 해서 그가 피리를 불었다고 한 것은 후대에 지어낸 이야기 같다. 그럼 왜 실록에서는 맹사성이 악기를 만들었다고 전하는 것일까? 이 배경에 대해서는 추측할 수밖에 없는데 이것은 아마도 그가 기본음을 잡기 위해 율관(律管)을 만들었던 게 악기를 만든 것으로 보였던 것 아닌가 하는 추측을 해본다. 음악을 정비하려면 기본음으로 정해야 하는데 당시는 율관, 즉 피리로 그 기본음을 정했다. 그가 만든 것은 아마도 이 피리였을 것이다. 그러니까 그가 악기를 만든 것은 음악의 틀을 잡기 위한 것이지 자신이 연주하면서 즐기려고 한 것이 아니라는 것이다. 그리고 내가 누누이 말했지만 조선의 선비들은 악기를 연주하지 않았다. 이것은 내가 송혜나 교수와 같이 쓴 『국악, 그림에 스며들다』(한울, 2018)에서 자세하게 밝혔다. 악기 연주는 악공들이나 하는 것이지 지체 높은 양반들이 할 리가 없다. 양반인 그들이 스스로 신분을 강등시키면서까지 악기를 연주했을 리가 없지 않겠는가. 그들은 천한 '아래 것'들이 연주하는 것을 감상할 뿐 스스로 연주하지는 않았다.

그 다음에 이해가 안 되는 것은 맹사성이 소 위에서 피리를 불었다는 것이다. 피리나 대금 같은 관악기를 불어본 사람은 다 아는 사실이지만 소 위에서 관악기를 분다는 것은 대단히 어려운 일이다. 관악기를 불 때에는 입이 악기에서 떨어지면 안 되는데 소를 타고 갈 때에는 소가 움직이기 때문에 몸을 평형으로 유지하기가 힘들지 않을까? 그러니 입이 피리에 딱 붙어 있기가 힘들었을 것이고 따라서 그런 상태로 피리를 분다는 것은 원천적으로 불가능하다. 소 위에서 피리나 대금을 불었다는 것은 낭만적인 허구에 불과할 뿐이다.

그런데 만일 정말로 그가 음악을 연주했다면 무슨 곡을 연주했을까 하는 의문도 생긴다. 당시는 아악이든 향악이든 정비되는 단계에 있었으니 과연 그가 어떤 음악을 연주했을지 공연히 궁금해진다. 이처럼 의문만 더 생기는데 마지막으로 드는 의문은 웬 검은 소냐는 것이다. 이 나라에 검은 소가 있었다는 이야기는 별로 들어보지 못했는데 갑자기 그가 검은 소를 타고 다녔다고 하니 이상한 것이다. 그래서 조사해보니 흑우(黑牛)에 대한 기록이 생각보다 많이 있었다. 이 검은 소는 고기질이 좋아 고래 시대 이후로 왕을 위한 진상품으로 많이 사용되었다고 한다. 그러니 그가 소를 탔다면 검은 소를 탈 수도 있겠다는 생각이 든다.

마지막 드는 의문은 이 집의 위치에 대한 것이다. 이곳은 북촌에서 가장 높은 곳이다. 그래서 이곳(현재는 동양문화박물관)에서 보는 경치는 북촌에서 최고라 할 수 있다. 그런데 그것까지는 좋은데 맹사성이 여기를 어떻게 매일 다녔는지 궁금증이 생긴다. 이곳은 지금 오려고 해도 삼청동 큰 길에서 한참 와야 한다. 그런데 교통이 안 좋은 조선 초에 어떻게 이 길을 매일 다녔는지 궁금하다. 물론 그는 고위 관리이니 가마를 탔을 테지만 그래도 왔다 갔다 하는 게 번거로웠을 것이 틀림없다. 이런 자리 말고 저 밑 큰길가에 있는 총리 공관 근처 같은 곳이면 출퇴근하기가 편했을 텐데 왜 이런 데에 집터를 잡았는지 모를 일이다(판서를 8명이나 배출했다는 지역인 '팔판동'은 길가에 있어 교통이 아주 편리하지 않은가?).

권근의 후손이 세운 동양문화박물관에서　맹사성에 대한 이 야기는 아직 끝나지 않았다. 맹사성이 소를 타고 피리를 불었다는 이야기는 이 맹사성의 집터에 동양문화박물관을 세운 권영두 관장에게서 직접 들은 것이다. 이 분을 만난 게 수 년 전의 일이라 기억은 잘 안 나지만 매우 독특한 분 이라는 인상은 남아 있다. 게다가 이 분의 고향이 내 부모 의 고향인 충북 음성과 같아 더욱더 기억에 남는다.

동양문화박물관을 세운 권 관장은 동양문화를 전공한 분은 아니다. 그는 건축업을 해서 돈을 벌었는데 개인적으 로 다양한 문화물들을 수집하는 데에 관심이 많았던 모양 이다. 신문 기사를 보니 권 관장의 별명이 '아파트 두 채를 들고 다니는 사람'이었단다.[9] 돈을 이렇게 싸들고 동양의 문화물들을 구매한 것이다. 그렇게 구매한 게 명성황후의 친필 서간, 조선의 철화백자, 간다라 불두 등이었고 수천 점의 민속품도 있었다. 이렇게 물품을 모은 다음 그가 한 일은 바로 이 박물관을 연 일이었다. 그런데 그 박물관 터 가 바로 맹사성이 살던 곳인데 권 관장은 맹사성의 스승이 었던 권근의 18대 손이라니 그 인연이 참으로 묘하다고 하 겠다. 이 박물관은 300평쯤 된다고 하는데 권 관장은 어

---

9) 경향신문, 2010년 3월 11일자

떻게 이런 터를 구할 수 있었는지 재력도 재력이지만 땅을 보는 눈이 대단하다 하겠다.

그런데 이곳은 유물도 유물이지만 북촌에서 가장 좋은 전망을 볼 수 있는 곳으로 이름이 높다. 1층은 박물관이고 2층은 전망대로 이용되고 있다. 그런데 입장료가 있어 갈 때 마다 들어갈 수는 없다. 나는 몇 번을 들어가 보았기 때문에 더 이상 들어가지 않고 전망대인 2층 찻집(차문화관) 문 앞까지만 간다. 거기만 가도 좋은 전망을 볼 수 있기 때문이다. 그런데 재미있는 것은 박물관 입구에도 그렇게 써 있다는 것이다. 입구에 있는 배너를 보면 찻집 입구까지는 부담 없이 올라오라고 쓰여 있다. 그런데 나는 사람들에게 한 번쯤은 들어가 보기를 권하는데 그것은 이곳에서 보는 전망이 좋은 것도 있지만 바로 옆에 있는 이준구 가옥의 내부를 부분적으로나마 볼 수 있기 때문이다. 이 집에 대해서는 다음 권에서 보게 되겠지만 1937년에 서양식으로 지은 아주 특이한 집이다. 그런데 담이 높기 때문에 집 안의 모습은 전혀 볼 수 없다. 그나마 지붕이 부분적으로나마 보이는 곳으로 가려면 이른바 북촌 4경이라 불리는 지점으로 가야 한다(다음의 사진처럼 이 집은 북촌전망대에서도 볼 수 있다. 전망은 더 좋은데 이 경우 비용이 발생한다). 그곳에 가면 이 집의 푸른 색 지붕이 부분적으로 보인다. 그런데

동양문화박물관 전경

동양문화박물관 내 고불서당

동양문화박물관 내부 전시관 모습

이 전망대에서는 이 집의 내부가 보이니 희귀하다는 것이
다(그런데 여름에는 나무 때문에 잘 보이지 않는다).

이 동양문화박물관의 권 관장께 들은 맹사성과 세종에
대한 이야기도 재미있다. 이 이야기는 어디서 들은 것 같
은데 그에게서 다시 들을 수 있었다. 잘 알려진 것처럼 맹
사성은 세종의 스승이었다. 그런 사이였던 그들에게는 다
음과 같은 재미있는 일화가 전해진다. 세종이 밤에 책을
보다 졸리면 내관을 시켜 맹사성의 집에 불이 켜있는지 확
인해보라고 했단다. 그래서 불이 켜 있으면 맹사성이 공
부하고 있다고 생각해 세종도 자지 않았다고 한다. 스승
이 자지 않는데 제자인 자신이 잘 수 없다고 생각한 것이

북촌전망대에서 보이는 이준구 가옥

리라. 임금이 되었지만 옛 스승을 존경하는 마음을 이렇게
표현한 것이다. 이렇게 이야기하면 사람들은 '역시 세종은
달라'라고 하면서 다 감동한다. 이 이야기는 그 자체로는
재미있지만 조금 의아한 면이 있다.

　의문은 아주 간단하다. 세종이 있던 경복궁의 강녕전에
서 맹사성의 집에 켜 있는 불이 보였겠느냐는 것이다. 주
지하다시피 당시는 모두 호롱불을 썼다. 그 불의 밝기는
그저 등불 밑을 밝힐 정도밖에 되지 않는다. 내가 1960년
대에 아버지 고향에 가서 보면 당시는 전기가 들어오지 않

아 밤에는 모두들 이 호롱불을 썼다. 그래서 방안은 항상 어두워서 상대방의 얼굴 정도만 식별할 수 있었다. 그런데 이런 약한 불을 과연 수백 미터 떨어진 곳에서 감지할 수 있었을까? 문제는 여기서 그치지 않는다. 세종의 내관은 이 불을 직접 본 것도 아니었다. 왜냐하면 그 내관이 실제로 본 것은 창호지가 발려 있는 문이었을 것이기 때문이다. 그러니까 내관은 그 문에 비친 불만 보았을 것이다. 그렇게 되면 불의 밝기는 훨씬 더 약해진다. 과연 이 불을 강녕전처럼 먼 곳에서 볼 수 있었을까? 이것은 중요한 사

북촌 4경에서 보이는 이준구 가옥

동양박물관 2층에서 바라 본 이준구 가옥

이준구 가옥 정문

안은 아니지만 의문이 드는 것은 어쩔 수 없는 일이다.

　여기까지 오면 북촌 미니 답사는 되돌아갈 시간이 되었다. 바로 앞에 있는 북촌한옥길은 그냥 위에서 조망하고 사진 한 번 찍은 다음 오던 길로 되돌아가자. 이 주위에 있는 이준구 가옥이나 이명박이 대통령이 되기 전에 살았던 취운정 같은 집은 다른 코스로 올 때 설명하기로 하자. 우리는 오던 길로 돌아가 정독도서관 쪽으로 가자. 아까 오던 길(북촌로5가길)로 내려오면 정독도서관으로 가는 아주 작은 골목이 있다. 그 입구에는 앞에서 코리아 목욕탕 앞에서 거론한 장원서의 터를 알려주는 표지석이 있다. 앞에서는 거론하지 않았지만 원래 이 터는 성삼문의 집이 있던

정독도서관 입구에 있는 성삼문 집터 표지석

곳이었다. 그가 세조 때 역모 혐의로 참형을 당하자 당연
히 이 집이 몰수되었고 장원서가 여기에 들어서게 된 것일
것이다. 그런데 이곳에는 성삼문의 집터라는 표지석이 없
다. 이 표지석은 정독도서관 입구에 화기도감의 표지석과
함께 있는데 왜 정확한 위치가 아니고 다른 곳에 세워놓았
는지는 잘 모르겠다. 성삼문 하면 조선의 대표적인 충신인
데 왜 그의 집터의 표지석을 그릇된 장소에 세워놓았는지
알 수 없는 노릇이라는 것이다.

　잠깐이라도 그런 생각을 하고 이 골목으로 들어가 보자.
이 좁은 골목 역시 옛 모습을 간직하고 있는 몇 안 되는 골
목이다. 그런데 정독도서관의 외벽이 너무 흉물스럽다. 시

멘트를 처발라 놓은 것 같아 그렇다. 요즘 같으면 저렇게 안 할 터인데 참으로 보기가 안 좋다. 이곳에 오면 나는 학생들에게 이쪽 담이 상대적으로 낮아 학교 밖으로 도망가는 아이들이 주로 이 담을 넘어서 바깥으로 나왔다고 알려준다. 그렇게 나와 봐야 그들은 만화가게에 가서 만화를 보던지 중국집 가서 담배 피고 술 마시는 일밖에는 안 했는데 그게 뭐 대단한 일이라고 그런 모험을 했는지 모른다고 귀뜸해주곤 했다. 아마도 그 아이들은 공연히 반항하고 싶은 마음에 그랬을 것이다. 이렇게 말하면 학생들은 내게 '교수님은 그렇게 안 하셨냐?'고 물어본다. 그 질문에 중고교 다닐 때의 나는 아무 생각 없는 칠칠이여서 이상한 짓을 안 했다고 답을 하곤 했는데 학생들은 종시 그 답을 믿지 못하겠다는 눈치였다.

어떻든 담을 끼고 계속 가자. 그러면 도서관 정문 다 가서 사진에 나온 것 같은 아주 허름한 집을 발견할 수 있다. 이 집은 한 눈에 일본식 집이라는 것을 알 수 있다. 동그란 창이 있고 사각 창문에는 작은 베란다가 있으니 이 집은 십중팔구 일본식 집이다. 다만 그 건설연대를 모르는데 저런 외모라면 일제 때 지어졌을 확률이 높다. 그러니까 이른바 적산가옥이었을 것이라는 것이다. 그런데 이 집은 사람이 살지 않은지가 꽤 오래 되어 흡사 흉가처럼 방치되어

북촌의 일제기 가옥

있다. 이 집 앞은 유동인구가 대단히 많아 상업적으로 아주 좋은 곳인데 왜 저렇게 방치하고 있는지 모르겠다. 다음 번에는 복덕방이라도 가서 물어보아야겠다는 생각이다.

중등 교육의 발상지를 돌아보며 – 정독도서관 심층 답사

한 많은 정독도서관 앞에서 이 제목을 본 사람들은 하필이면 왜 '한 많은 도서관'이라고 했느냐고 물어볼 수 있겠다. 사람에 따라 중고교 시절이 좋았던 사람도 있겠지만 나는 정 반대이다. 이유는 간단하다. 앞에서도 이야기했지만 한국의 중고교에 팽배해 있던 억압 구조 때문이다. 나는 이게 제일 싫었다. 지금은 많이 달라졌지만 한국 중고교는 작은 병영(兵營)이었다. 학생들에게 군복은 아니지만 그와 비슷하게 생긴 교복을 입혔고 등교 후 집에 갈 때까지 학생들에게는 어떤 자유도 주지 않았다. 교복의 경우 겨울에는 까만 옷을 입히는데 그것은 일본식 군복을 연상케 하는 옷이었다. 그런 옷을 입고 등교할 때 교문을 들어서면 선도부 아이들이 '나래비'로 서 있었고 그 사이를 쫄면서 손으로 경례하고 들어가는 것부터 군대를 방불한다. 그뿐만이 아니다. 매 시간을 시작할 때 마다 반장의 '차렷', '경례' 구령에 맞추어 선생들에게 인사하는 것도 군대와 다를 바 없었다. 그리고 선생과 학생 사이의 권위적인 관계, 선후배 학생들 사이에 있는 굴종을 강요하는 관계 등 모든 것이 경직되어 있었고 억압적이었다.

이런 학교에서 대접받으려면 집에 돈이 많던지 아니면 아버지가 높은 관리이던지, 그것도 안 되면 하다못해 공부라도 잘 해야 하는데 이런 조건을 하나도 갖추지 못한 나는 늘 개밥의 도토리였다. 나는 아이들이고 선생이고 전혀 내게 관심을 갖지 않는 그런 투명인간 같은 존재였다. 내 제자들은 내가 지금 교수직에 있으니까 중고교 때에 공부를 잘 했으리라고 생각하는데 실상은 정반대였다. 당시는 한 반에 약 60명 정도가 있었는데 내 석차는 항상 60등에 가까웠으니 내가 공부를 얼마나 못했는지 알 수 있다. 언제나 50 몇 등 정도를 했던 기억이 난다.

나는 내가 공부를 못한 이유가 머리가 나빠서인지 아니면 노력을 안 해서인지 그것은 잘 모르겠다. 그런데 선생들이 가르치는 것들이 대부분 이해가 되지 않으니 시험 성적이 좋게 나올 리 없었다. 게다가 시험 문제도 이해되지 않기는 마찬가지였다. 문제를 읽어보아도 도대체 무엇을 물어보는지 그 뜻이 이해되지 않았다. 그러니 답을 찾아낼 수 없었다. 특히 국어 시험은 최악이었다. 그 문제 가운데에는 왜 이런 질문을 하는지와 같은 기본적인 것부터 알 수 없는 것 투성이였다. 그런데 공부 잘 하는 친구들은 답을 척척 적어내던데 어떻게 답을 그렇게 잘 쓰는지 아직도 놀랍기 짝이 없다.

당시 내가 얼마나 답답한 생활을 했는지에 대해 말하려고 하면 단행본도 모자랄 것이다. 또 사람마다 경험이 다르니 내 경험을 이렇게 이야기해 보아야 타인이 이해하는 데에 한계가 있을 것이다. 그러니 푸념은 그만 했으면 하는데 나는 다만 당시에 학교에서 왜 그렇게 어린 아이들을 억압하고 옥죄었는지를 말하고 싶을 뿐이다. 그런 세월을

6년을 보냈으니 한이 많다고 한 것이다. 그래서 지금도 이 도서관 근처는 가기도 싫다. 중고교 6년간의 추억 중 좋은 기억은 거의 없고 억압과 조임의 기억만 있으니 내가 이렇게 반응하는 것은 당연한 것이다. 내 사정이 그래도 이 도서관의 건물들에 대해 설명을 해야 하니 안으로 들어가 보아야 하겠다.

옛 경기중고교를 회상하며　이번에 이 북촌 지역을 심층답사하면서 정독도서관에 대해 조사해보니 내가 도서관의 건물들에 대해 잘 모르고 있었다는 것을 확실하게 알게 되었다. 이 학교를 6년이나 다녔는데도 아무 것도 모르거나 알아도 잘못 알고 있었던 사실이 너무나 많았다. 아니 알고 있는 게 하나도 없다고 할 수 있을 정도로 이 건물들에 대해 무지했다. 그래서 속으로 내가 너무했구나 하는 생각마저 들 정도였다. 그런데 나만 그런 게 아니라 다른 졸업생들도 사정은 마찬가지일 거라는 생각도 들었다. 이유는 간단하다. 근 120년의 역사를 자랑하는 이 학교의 내력을 소상하게 알려주는 자료가 그다지 많지 않기 때문이다.

이 학교의 홈페이지를 들어가 보아도 정보가 충분하지 않기는 마찬가지였다. 또 학교가 변화되는 양상이 아주 심했다. 이름도 수차례 바뀌고 교사(校舍)도 계속 바뀌어 이

1970년대의 경기고등학교

것을 일목요연하게 설명하기가 힘들다. 그리고 일반 독자들은 그 복잡한 양상을 다 알 필요 없을 것이다. 여기서 중요한 것은 이 건물들이 언제 지어지고 어떻게 사용되었는가를 아는 것이다.

우리가 가장 먼저 알아야 할 것은 이 건물들이 문화재청에서 지정한 "등록문화재 2호"라는 것이다. 그 등록된 이름이 '구 경기고등학교'로 되어 있는데 내가 이 학교 다닐 때에는 중학교도 있어서 그냥 고등학교로 불리는 게 이상하다. 그때에는 당연히 경기 중고등학교라고 불렸기 때문이다. 그렇게 가다가 문교부(현 교육부)의 이상한 정책에 따라 중학교가 1971년에 없어지는데 공교롭게도 내가 속한

문화재로 등록된 정독도서관 표식

기수가 중학교를 시험 보고 들어간 마지막 세대가 되었다.

내 다음 기수(1956년생 3월 이후)들은 그 해(1968년) 8월 까지 열심히 공부하다가 느닷없이 입시가 없어지는 바람에 붕 떠버리고 말았다. 입시제가 학군제로 바뀌는 바람에 수험생들은 자기가 사는 지역에 속해 있는 중학교에 '추첨'으로 가게 된 것이다. 시험으로 자신이 결정해서 가는 것이 아니라 그냥 '뽑기'로 아무 중학교에나 배당하는 식으로 바뀐 것이다. 지금 같으면 상상도 할 수 없는 일인데 독재정권이 국민들에게 아무 예고도 없이 그냥 자행한 것이다. 당시에 떠도는 풍문에 의하면 대통령인 박정희의 자식들이 입시를 볼 때가 되면 입시제도가 바뀐다고 했다.

구 경기고교 입구(1970년)

같은 자리에서 찍은 정독도서관 입구

예를 들어 아들이 중학교 들어갈 때가 되면 입시 시험이 없어지면서 중학교가 평준화되고 딸이 고등학교 갈 때에는 고등학교 시험이 없어지고 고교평준화가 된다는 것이 그것이었다. 그 소문의 진위는 알 수 없지만 그때에는 다들 그렇게 믿었다.

이 학교가 한국교육사에서 중요한 것은 조선 최초의 관립중학교로 1900년에 개교해 지금까지 이어져 오고 있기 때문이다. 그러니까 역사가 100년을 훌쩍 뛰어 넘는 것이다. 고교가 평준화되기 전까지 이 학교는 대한민국 최고의 고등학교로 부정적인 의미이던 긍정적인 의미이던 수많은 인재들을 배출했다. 당시에는 동양의 '이튼 스쿨'이다, 혹은 이 학교의 학생들은 아이큐가 세계에서 제일 높다는 식의 확인되지 않은 소문들이 많았다. 이튼 스쿨은 영국의 최고 명문 사립 중등학교인 이튼 칼리지를 말한다. 경기고교를 이튼과 함께 거론하는 것은 이튼 졸업생들의 약 $\frac{1}{3}$이 옥스퍼드나 케임브리지 같은 명문 대학에 진학하듯이 경기고 졸업생들도 반 이상이 서울대에 진학했기 때문일 것이다.

이과(理科)의 경우에는 진학률이 더 높아서 약 60~70%는 서울대에 진학하는 것 같았다. 그래서 서울 공대는 경기고 반창회하는 곳이라는 이야기도 있었다. 대학교라는 새로운 학교에 갔는데 이전에 보던 친구들이 많으니 그렇게 말한 것일 것이다. 당시는 서울대 가는 것이 지금처럼 어렵지 않아 저처럼 많이 간 것뿐이지 지금 같았다면 결코 저런 진학률을 보이지 못했을 것이다(내가 이런 이야기를 하면 사람들이 내게 '최 교수 당신은 남들 다 가는 서울대를 왜 못 갔는가?'는 식의 질문을 할 것 같아 이내 다른 주제로 말꼬리를 옮기곤 했다).

교육박물관을 돌아보며   서설이 너무 길었다. 일단 학교로 들어가 보자. 학교(도서관) 안으로 들어가면 제일 먼저 만나는 것이 서울교육박물관이다. 여기에는 한국에서 교육이 어떻게 이루어졌는가에 대해 삼국 시대부터 극히 최근까지 수많은 관련 자료가 전시되어 있다. 1970년대 교실도 재현되어 있고 성적표나 양은도시락 등 재미있는 것들이 많은데 나는 그 시절을 회상하기 싫어서인지 그다지 관심이 가지 않았다. 내가 관심 있는 것은 그 안에 있는 자료들이 아니라 이 건물 자체와 그 부근에 관한 것이다. 이 박물관 앞에는 사진에서처럼 돌계단을 만들고 홍현(紅峴), 즉 '붉은 재'라는 표지석을 만들어 놓았다. 이 근처의 흙이 붉어 이전에 그렇게 불렀다는 것인데 그래서인지 이곳에 화기도감이라는 총과 대포를 만드는 관청이 있었던 것이 우

홍현 표지석

연처럼 들리지 않는다. 양자의 붉음이 통하는 바가 있기 때문이다.

이것보다 더 관심이 가는 것은 이 건물이 언제 만들어졌고 어떤 용도로 쓰였나에 대한 것이다. 내가 1968년 이 학교를 다니기 시작할 때에도 이 건물이 있었는데 이 건물의 건설 연대가 확실하지 않다. 어떤 자료에는 1927년에 건설되었다고 하고 또 어떤 자료에는 건설 연대가 1925년으로 되어 있는데 경기 고등학교 홈페이지에 들어가 보면 1925년에 본관을 낙성했다고 되어 있다. 그런데 이 건물이 이 본관을 말하는 것인지 아닌지는 잘 모르겠다.

그러나 확실하게 말할 수 있는 것은 이 건물은 일제식민

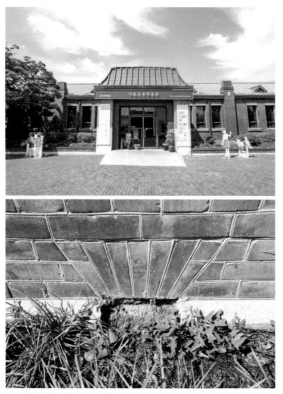

교육박물관의 사다리꼴 환풍구(사다리꼴로 세심하게 장식한 것이 눈에 띈다)

기에 지어졌다는 것이다. 그리고 1920년대에 세워졌다는 것이다. 이 사실만큼은 확실하다. 이 건물이 일제식민기에 세워진 것이라고 말할 수 있는 근거 중의 하나는 전체 모습도 그렇지만 건물의 세부가 살아 있기 때문이다. 일본 사람들은 건물을 건설할 때 눈에 잘 안 띄는 세부적인 데에도 신경을 많이 쓰는데 이 건물이 그렇다. 가령 사진에서처럼 환풍구로 쓰는 구멍을 보면 사다리꼴 벽돌로 예쁘게 장식해 놓은 것을 볼 수 있다. 이런 것은 당시의 한국인들은 못하던지, 아니면 안 하던지 하는 것이다. 한국인들은 세부를 장식하는 데에 관심이 없어 이런 세부적인 것은 대충 하는 것이 그들의 습관이다.

이렇게 대충 하는 한국인들의 모습은 도서관 건물에서도 보인다. 뒤에 다시 설명하겠지만 이 도서관은 세 동의 건물로 되어 있다. 이 가운데 앞의 두 동은 일제식민기에 만든 것이고 맨 뒤에 있는 3동은 한국인이 만든 것이다. 세부를 대충하는 모습은 바로 이 3동 건물에서 유감없이 나타난다. 반면 앞의 두 동에서는 그런 모습이 전혀 보이지 않는다. 이것은 이 건물들이 일본인에 의해서 건설되었기 때문일 것이다(당시에는 일본인들이 교장 직에 있었다). 3동 건물에 대해서는 나중에 그곳에 갔을 때 다시 설명하겠지만 대충 보아도 건물의 바닥면부터 엉성한 것을 알 수 있다. 높이가 다 달라 엉망이 되어 있는 느낌이다. 그래서 내가 이런 건물에서 3년을 공부했다는 것이 믿기지 않는다. 이런 세부적인 것은 그 현장에 가서 실물을 앞에 놓고 설명해야 알아들을 수 있지 이렇게 글만 가지고는 이해시키기 힘들다. 어떻든 여기서 내가 주장하고자 하는 것은 한국인들은 세부에 약하다는 사실이다.

내가 이 박물관 건물을 정확히 기억하는 것은 이 집에서 3~4일을 살았기 때문이다. 1972년 즈음해서 당시 이 집은 '화동랑의 집'이라는 이름을 갖고 있었다. 그때 이 학교의 교장은 학생들을 앞으로 한국 사회를 이끌 리더로 키우겠다는 야무진 구상을 했다. 그 구상의 실현을 위해 그는 학생들로 하여금 의무적으로 3~4일을 이 집에 와서 살면서 교육을 받게 했다. 그래서 그때 나도 우리 반의 순서가 됐을 때 집에 가지 않고 이 집에서 잠시 살았던 기억이 있다. 그런데 구체적으로 무슨 교육을 받았는지는 전혀 기억나지 않아 리더 교육을 제대로 받았는지 어떤지는 잘 모르겠다. 아무 기억도 안 날 수밖에 없는 것이 나는 이 학교에서 말하는 리더와는 아무 관계가 없었기 때문이다. 내 아버지는 작은 점방 주인에 불과했고 나는 공부 못하는 '찌질한' 학생이었는데 무슨 리더가 되겠다고 그런 교육을 열심히 받으려고 했겠는가 하는 생각이다.

여기서 중요한 것은 이런 나의 개인사가 아니라 이 집도 본관과 함께 등록문화재에 들어가 있다는 것이다. 그러니까 이 도서관에는 4동의 등록문화재가 있는 셈이다. 이 박물관과 도서관 1, 2동, 그리고 식당이 그것이다. 이 도서관의 건물은 크게 3개 동으로 되어 있는데 문화재가 된 것은 앞의 2개 동이고 맨 뒤에 있는 건물은 포함되지 않았다. 이 건물은 앞의 두 건물에 비해 역사가 뒤쳐지기 때문에 포함되지 않았을 것이다.

　　자세한 상황은 조금 있다 보기로 하고 이 학교(건물)가 등록문화재가 된 연유에 대해 잠깐 살펴보자. 그러려면 먼저 등록문화재가 무엇인지에 대해 알아야 한다. 등록문화재란 그 선정 기준이 꽤 복잡한데 대강 보면, 근대사에서 문화, 예술, 기술 등의 면에서 실질적 혹은 상징적 가치가 있는 유물들을 지칭한다고 보면 되겠다.

　　이 점에서 이 옛 경기중고교 건물은 등록문화재 선정 조건을 충분하게 갖고 있다. 우선 교육사적 입장에서 보면 이 학교는 한국 최초의 관립 중등학교였다는 점에서 높이 평가할 만하다. 최초였으니 무조건 중요한 것이다. 그런가 하면 이 건물은 기술적인 면에서도 주목할 만한 것이 있다. 이 본관 건물은 학교 건물로서 최초로 철근 콘크리트 구조를 취했다고 한다. 그리고 스팀 난방이라는 당시 최첨단의 난방 기제를 설치했다는 점도 주목을 받았다. 내가 이 학교를 다닐 때에는 철근에 대한 이야기는 듣지 못했던 반면 스팀에 대해서는 많이 들었던 기억이 있다. 고등학교 건물에 이런 선진적인 난방 시스템을 갖고 있는 학교는 우리 학교가 유일하다는 것이었는데 당시에 나는 그런 데에는 전혀 관심이 없었다. 대신 겨울에 학교에 오자마자 이 스팀 위에 (양은)도시락을 올려놓았던 기억밖에 나지 않는다. 스팀에 가깝게 도시락을 놓아야 밥을 따뜻하게 먹을 수 있으니 도시락 놓을 때 경쟁이 심했다.

운동장 추억   이제 본관 쪽으로 가보는데 그 전에 이 운동장, 아니 정원으로 꾸며 놓은 곳에 대해 보아야 하겠다. 내가 이 학교를 다닐 때에 이곳은 당연히 아무것도 없는 운동장이었다. 이 운동장을 보면 운동한 것밖에는 생각이 나지 않는다. 그때는 삶의 궁극적인 관심이 운동이었다고 말할 수 있을 정도로 우리들은 운동을 좋아했다. 특히 축구했던 기억이 가장 많이 난다. 당시는 고교 입학시험이 갑자기 없어져서 중학교 때 공부한 기억이 없다. 시간만 나면 운동이었다. 도시락도 오전 쉬는 시간에 다 먹고 점심시간(40분)이 시작되면 바로 운동장으로 튀어 나갔다. 그리곤 다음 교시 수업 종이 울릴 때까지 공 가지고 놀기에 바빴다.

이 운동장과 관련해서 또 생각나는 것은 이곳에서 교련 (敎鍊) 교육을 받은 것이다. 고등학교 때 우리는 이 운동장에서 총(나무로 만든 모형)을 들고 제식훈련을 하고 총검술을 연마했다. 그리고 어떤 때에는 이곳을 연병장 삼아 열병식을 한 적도 있었다. 이 학교가 무슨 교련 시범학교로 선정되어 현역 군인까지 와서 우리가 하던 열병식을 참관했다. 또 그때 장애물을 땅에 가깝게 설치해 놓고 그 사이를 총을 들고 기어가게 하는 유격 훈련을 했던 기억도 난다. 이런 훈련을 한 친구 중에 제일 기억나는 이는 지금 (2018년 6월) 서울시장을 하는 박원순이다. 이 친구가 얼마나 훈련을 열심히 했는지 옷에 흙이 묻는 것은 당연했고 뺨에도 흙을 묻혀가면서 열심히 훈련을 했다. 그래 우리는 이 친구를 두고 그까짓 것 대충하지 뭐 대단한 거라고 그렇게 열심히 하느냐고 비아냥거렸다. '창녕에서 온 촌놈이라 그럴 것이다'라고 하면서 말이다. 그런데 지금은 그는 나와는 비교도 안 되는 유명 인사가 되었다. 비아냥거렸던 내가 영 무색하다. 이런 걸 보면 서울시장 같은 고관이 되려면 어릴 때부터 모습이 다르지 않으면 안 되는 모양이다. 인생을 약삭빠르게 산 나는 아무 것도 성취하지 못했으니 말이다.

교련 훈련 모습

유격 훈련 모습

그때에는 이런 훈련을 진지하게 열심히 했지만 지금 생각하면 어이가 없다. 무모한 어른들이 어린 아이들에게 전쟁 훈련을 시켰으니 말이다. 그들 말대로 막강 국군도 있고 예비군도 득실거리는데 어린 학생들에게까지 군사 훈련을 시켰으니 어이가 없는 것이다. 그때에는 교련 교사라고 불리는 대위 정도의 계급장을 단 예비역 군인들이 교무실에 항상 있었고 그 사람들을 돕는 예비역 군인(하사나 중사?)들이 군복을 입고 돌아다녔다. 그때에는 그게 아무렇지도 않았지만 지금 고등학교에 그런 사람들이 있다고 생각하면 기겁을 할 것이다. '그때는 맞고 지금은 틀리다'인가? 어떻든 박정희 도당들이 나라 전체를 군대로 만들어 갈 때이니 이런 게 가능했을 것이다.

이런 예는 수도 없이 있어 더 열거할 필요가 없겠다. 학교의 병영화와 관련해 또 하나 잊지 못할 사건이 있다. 내가 대학에 들어간 1970년 대 중반에 박정희 군사독재정권이 총학생회를 아예 없애버리고 '학도호국단'이라는 것을 만든 것이 그것이다. 그래서 이전에 학생회장으로 불리던 친구들은 '학도호국단장'으로 불렸다. 대학까지 군대로 만든 것이다. 이에 대한 것을 이처럼 시시콜콜하게 말하는 이유는 지금 젊은 세대들에게 과거에 학교가 어땠는지 그 분위기를 알려주고 싶어서이다. 민주화가 된 요즘 가끔 과

거의 사정을 잘 모르는 친구들이 '지금도 박정희 독재가 극성을 부린 유신 시대와 다르지 않다'라는 말을 종종 하는 경우가 있다. 그런 이야기를 들으면 나는 화가 난다. 박정희 시대를 살지 않았으면 그런 이야기를 해서는 안 된다. 지금은 그때와 질적으로 다르다. 완전히 다른 세상이라는 것이다.

운동장에 서린 한국 역사 - 김옥균과 정선　운동장 입구에서 대체로 이런 설명을 해주고 나는 학생들을 이끌고 오른쪽으로 간다. 그러면 화단이 있고 이곳에 김옥균 집터가 있었다는 것을 알려주는 표지석이 있다. 학교 다닐 때에도 이 학교에 김옥균의 집터가 있었다는 이야기는 가끔 들었는데 그때에는 이런 표지석이 없었다. 또 그런 표지석이 있었던 들 어린 우리들이 관심 가졌을 리도 없지만 말이다. 그리고 그 옆에는 서재필의 집이 있었던 모양인데 거기에는 아예 표지석도 없다. 김옥균이나 서재필은 모두 갑신정변의 실패로 역적이 된 사람들이다. 그러니 이 사람들의 집터는 모두 몰수당했을 것이고 그렇게 뺏은 이 터에 조선 최초의 관립학교를 세운 것일 것이다.

이번에 조사해 보니까 당시 많은 개화파 인사들이 이 지역에 모여 살고 있었다. 예를 들어서 서재필의 친척이면서 갑신정변을 같이 일으켰던 서광범이 살던 집은 여기서 안국동 쪽으로 더 가서 덕성여고와 풍문여고 사이 어디쯤에 있었다고 한다. 이들이 모여서 개화사상을 논의한 곳은 박규수 집의 사랑방이었다고 한다. 박규수는 잘 알려진 대로 박지원의 손자로 그의 집은 지금 헌법재판소 언저리에 있었다고 한다. 재판소 안에 있는 600년 된 백송이 그의 집 뒤뜰에 있었다고 하니 말이다. 이 집에는 이 사람들 외에도 홍영식이나 오경석과 같은 개화파 인사들이 모였다고 하는데 이 지면은 이들에 대해 논의하는 자리가 아니니 그들에 대한 설명은 예서 멈추기로 한다. 이 운동장에서는 이곳이 바로 조선말에 개화사상이 휘몰아치던 곳이라는 사실만 상기하면 되겠다.

이제 본관을 보아야 하는데 본관 쪽으로 향하다 보면 느닷없이 웬 비가 하나 서 있는 것을 발견할 수 있다. '겸재인왕제색도비'가 그것이다. 여기에는 겸재의 그림(인왕제색도)이 돌에 새겨져 있다. 이것은 문화부가 1992년에 김영중이라는 조각가에게 부탁해 만든 것이라는데 이 그림이 보여주고 있는 풍경이 바로 이 지점에서 보는 풍경과 같다는 것에 착안해 이 비를 세운 것이다. 분명 그림 안의 풍경과 실제의 풍경은 아주 많이 닮아 있다. 그런데 어떤 사람은 겸재가 이곳에 직접 와서 이 풍경을 보고 그렸다고

인왕제색도

주장하는데 그 말이 사실인지 아닌지는 잘 모르겠다. 이
그림은 걸작이라 할 말이 많지만 옆으로 새지 말자. 다만
이 그림에서 겸재가 중국 화풍과는 다른 고유의 화풍을 보
여주고 있다는 것 정도만 언급하자. 이 그림을 통해 겸재
는 거칠고 힘이 있는 그 고유의 모습을 보여주고 있다.

　이제 본관을 향해 가려고 하는데 본관 바로 앞에는 눈
살을 찌푸리게 하는 게 있다. 분수대다. 왜 여기에 이런 멋
없는 분수대를 만들어 놓았는지 잘 모르겠다. 전체적으로
엉성하지만 특히 물 나오는 부분은 너무 엉성하게 만들었
다. 사실 분수대만 그런 것이 아니다. 공원처럼 만든 이 앞
마당의 전체적인 모습이 엉성하기 짝이 없다. 도대체 무슨

인왕제색도비

도서관 마당에 있는 분수대

콘셉트로 만들었는지 알 수가 없다. 설계자의 의도가 읽히지 않는다(아마 별 의도가 없을 것이다!). 이 북촌 한 가운데에 이렇게 넓은 땅을 이 정도로밖에 활용하지 못하나 하는 자탄의 소리가 자동으로 나온다. 이 땅값 비싼 동네에 이렇게 좋은 공간이 있다면 이곳을 환상적으로 꾸며 시민들에게 큰 기쁨과 여유로움을 줄 수 있을 터인데 그렇게 못하고 있으니 안타깝기 짝이 없다. 이것은 광화문 광장에 디자인 기념이 없는 것과 일맥상통한다고 할 수 있다. 그 광장도 제대로 된 콘셉트 없이 설계되어 노상 디자인이 바뀐다. 그래서 오죽 하면 광장이 아니라 '한국에서 가장 큰 중앙분리대'라는 말을 들을까? 이런 것들을 다 고려해보면,

아무래도 한국의 조경 수준은 문제가 있어 보인다.

　　도서관 건물들을 둘러보며　이제 우리는 도서관 본관 앞에 있다. 이 도서관은 이름을 왜 정독이라고 했을까? 공공도서관은 보통 '남산도서관'처럼 그 지역의 이름을 따서 이름을 짓는데 이 도서관의 이름은 지역과는 관계없는 것으로 되어 있으니 어떻게 된 것이냐는 것이다. 이에 대해서 유력한 설은 '박정희'의 가운데 글자인 '정'을 따온 것이라는 것이다. 이것은 충분히 가능한 일이라고 생각되는데 그렇게 되면 '정독'이란 '바르게 읽는다'는 것을 뜻할 것이다.

　　이 건물의 건립연대는 1938년이다. 이 건물이 1동이고 뒤에 있는 건물이 2동인데 이 두 건물은 같은 때에 만들어졌을 것이다. 양식이 비슷하기 때문이다. 그리고 이 1동 오른쪽에 있는 식당 건물도 이때 같이 만들어진 것이다. 이에 비해 맨 뒤에 있는 건물(3동)은 1955년에 한국인에 의해 지어진 건물이다. 경기고등학교 홈페이지에 있는 연혁을 보면 1938년에 신 교사 건물을 낙성했다는 기록이 나오는데 이 두 건물이 바로 이 신 교사를 말하는 것일 것이다. 나는 이 학교를 다닐 때 이 건물이 일제식민기에 만들어졌다는 사실을 모르고 있었는데 이번에 자세히 보니 일제식민기에 만든 것이 틀림없었다. 건물의 부분 부분에 한국인의 터치이기보다는 일본인의 터치로 보이는 부분들이 많았기 때문이다.

그런데 안타까운 것은 이 건물의 설계자에 대한 언급이 없다는 것이다. 경기고나 도서관의 홈페이지에 들어가 보아도 이에 대해서는 어떤 정보도 찾을 수 없었다. 경기고의 홈페이지에는 몇 년도에 어떤 건물이 완공되었다 하는 정도의 정보만 나오지 더 자세한 것은 없었다. 이에 비해 도서관의 홈페이지는 가관이었다. 1977년에 이 도서관이 개관한 다음부터의 일만 적어 놓았을 뿐 이 도서관 건물에 대한 역사나 정보에 대해서는 한 글자도 적어 놓지 않았기 때문이다. 이번에 답사를 하면서 이 사실을 발견하고 어이가 없었다. 도서관이 무엇을 하는 곳인가? 정보를 수집하고 사람들과 공유하는 곳 아닌가? 그렇다면 도서관 측이 해야 할 일 중의 하나는 이 도서관 건물에 대한 정확한 정보를 시민들에게 제공하는 것이다. 게다가 이 건물들은 문화재이니 더 더욱이 정확한 정보를 시민들에게 제공해야 한다. 그런데 이처럼 아무 정보도 제공하지 않는 것은 도서관 측의 무성의이자 직무유기라 할 수 있다.

이런 예에서도 알 수 있는 것처럼 한국인들은 아직도 역사와 문화의 소중함을 깨닫지 못하고 있다. 이 도서관처럼 유서 깊은 곳에 문화재급의 건물을 소유하고 있는 기관이 그 장소나 유물의 역사에 대해 알려주지 않는다면 어불성설이라고 아니할 수 없다. 다른 관공서나 일반 회사가 이런 일을 소홀히 한다면 그래도 이해할 수 있지만 도서관이 지역의 문화에 무관심한 것은 받아들이기 힘든 일이다.

권위적인 건물의 모습들　그런 생각을 갖고 이 건물을 바라보면 이 건물에는 일본적인 요소가 눈에 많이 띈다. 이 가운데 가장 일본적인 것은 사진에 보이는 바와 같이 건물 가운데에 있는 포치일 것이다. 포치를 만들기 위해 가운데 부분을 높였다. 이렇게 건물 가운데에 포치가 들어가려면 옥상 부분을 조금 높이는 것이 자연스러운 일일 것이다. 포치를 만든 이유는 자동차가 들어가게 하기 위함일 터인데 나는 이런 구조에 대해 별 다른 생각을 하지 않았다. 그런데 건축가들의 평을 보면 이런 구조가 굉장히 권위적이라는 것이다. 그 말을 듣고 보니 그럴 듯했다. 왜냐하면 이런 구조는 법원 같은 무게가 실리는 관공서에서 많이 발견되기 때문이다. 이 포치는 그 기관의 장이 차에서 내릴 때에 비나 눈을 맞지 않도록 하기 위해 만든 것일 터인데 그렇다면 보통 관공서가 아니고 상당히 지위가 높은 장이 있는 관공서에만 설치되었을 것이다. 그래야 그 장의 권위가 서기 때문이다. 그런데 학교는 그런 권위를 부리는 곳이

정독도서관 건물에 있는 포치

아니다. 따라서 이런 구조는 학교 건물에 어울리지 않는다
는 것이 평론가들의 중론이었다.

그러고 보니까 내가 이 학교 다닐 때에 목격한 것으로
교장이 차를 타고 포치 안으로 들어가 차에서 내리던 모습
이 생각났다. 내 기억으로 교장은 그때 '신진자동차공업'
이라는 회사가 일본 도요타와 기술제휴를 맺은 후에 생산
한 '코로나'라는 차를 타고 다녔다. 이 차에 대해 젊은 사
람들은 잘 모르겠지만 이 차는 당시에 대표적인 자가용차
였다. 그때에는 자가용차를 가진 사람들이 많지 않았는데
그것은 자가용을 유지하려면 돈이 많이 들기 때문이다. 아
마 그 교장은 자신이 경기중고등학교 교장 정도를 하려면

자가용이 필수라고 생각한 것 같았다.

이때(1970년 전후) 이 학교에는 교장 말고 자가용을 갖고 있던 유일한 교사가 있었다. 이 사람은 '퍼블릭카'라는 아주 작은 차를 타고 다녔는데 그때는 그 차의 정체를 전혀 몰랐고 관심도 없었다. 그런데 이번에 검색해보니 이 차는 한국에 나온 최초의 경차이고 도요타에서 부품을 가져다 조립해서 만든 것이라는 것을 알게 되었다(이 차의 후속타가 그 유명한 티코이다). 그런데 그때에는 그 차가 하도 가볍게 보여 우리끼리 말하길 저 차는 자동차 엔진이 아니라 오토바이 엔진을 쓴 2기통 차일 것이라고 비아냥거렸다(그런데 오토바이 엔진은 아니지만 2기통 엔진인 것은 맞았다).

자동차에 대해서는 각설하고, 이 건물이 또 매우 권위적인 것처럼 보이는 것은 입구에 들어섰을 때 정 가운데에 계단이 보이기 때문일 것이다. 이 계단은 주로 이 기관의 장이 오르고 내리기 위해 만들었을 것이다. 그 사람은 자신이 이 기관의 중심이라고 으스대면서 이 계단을 누볐을 것이다. 그래서 권위적이라고 하는 것인데 그렇게 되면 이 기관장의 방은 2층에 있어야 한다. 그래야 2층에서 거만하게 이 계단을 내려올 수 있다. 그런데 내 기억에 당시 경기고교의 교장 방은 1층 포치 바로 옆에 있었다(그러나 내 기억에 자신이 있는 것은 아니다. 당시 교장은 너무나 멀리 있는 존

신진 퍼블리카(등록문화재 401호)

재였고 교장실에 들어가 본 적이 없기 때문에 기억이 뚜렷하지 않다). 2, 3층은 교실로 써야 하니 그랬을 것이다. 그런데 엄밀히 말하면 포치 옆방은 관리실 같은 것으로 써야 한다. 그러니까 하급 관리자들이 있어야 하는 곳이라는 것이다. 그런데 교장실이 그곳에 있었으니 지금 생각하면 웃기는 일이라 할 수 있다. 이번에 이렇게 답사하면서 내가 이 학교를 다녔을 때에는 전혀 몰랐던 것을 하나하나 알아가는 것이 신기하고 재미있었다.

이 계단 이야기가 나와서 말인데 이 계단은 아주 고급으로 만든 것은 아니지만 꽤 미끈하게 만든 것을 알 수 있다. 여기에 또 일제식민기에만 보이는 것이 있어 재미있다. 사

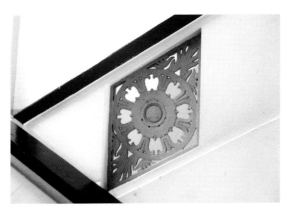

계단 가운데에 있는 마름모꼴 장식

진에서 보는 것처럼 계단 중간에 마름모꼴로 장식을 넣은 것이 그것이다. 이것은 전형적인 일본 문양의 장식으로 보인다. 한국인들은 사물을 이렇게 '콤팩트'하게 만들지 않기 때문이다. 이 계단으로 올라가면 2층인데 거기에는 내가 1973년에 고교 3학년 이었을 때 공부하던 교실이 있다. 그때에는 복도 전체의 분위기가 아주 우중충했는데 지금은 도서관으로 꾸미느라고 깨끗하게 바꾸어 놓았다. 그런데 내 기억에 그 교실에서 운동장으로 나갈 때에는 복도 양쪽 끝에 있는 계단을 이용했지 이 가운데 계단을 이용한 것 같지 않다. 이 계단은 교장이나 다른 선생들이 주로 다니던 길이었기 때문이다.

본관 가운데에 설치되어 있는 계단

이 건물은 6.25가 터지면서 그 주인이 바뀌게 된다. 미군의 통신부대가 이 건물을 사용했기 때문이다. 당시 경기중고는 부산으로 피난 내려가 임시 교사를 확보해 놓은 상태였다. 그런데 기록을 보니까 전쟁이 끝나고 바로 이 부대가 이 건물에서 나간 것이 아니었다. 이 부대는 1956년이 되어서야 건물을 비우게 되기 때문이다. 경기고가 다시이 자리로 돌아온 것은 그 다음의 일이다.

이 건물은 뒤에 있는 2동 건물과 연결되는데 이 2동 건물은 내가 학교 다닐 때에는 과학관이라고 불렀다. 그래서 생물이나 물리 시간에는 이 건물에 있는 교실로 가서 실험 같은 것을 했던 기억이 난다. 그런데 이 건물은 사진에 보

현대적인 외양이 첨가된 도서관 2동 건물

이는 것처럼 앞 건물과 외양이 조금 다르다. 특히 양 끝의 외양이 현대적으로 바뀌어 있다. 그래서 나는 이 건물은 앞 동과는 달리 한국인이 지은 것 아닌가 했는데 안으로 들어가 보니 내부 구조가 앞에 있는 1동과 꼭 같은 것을 알 수 있었다. 따라서 이 건물은 1동과 같은 시기에 지었을 것이다. 그렇다면 양 끝의 현대적인 외관은 어떻게 된 것일까? 그것은 분명 나중에 첨가된 것일 텐데 언제 이렇게 증축되었는지에 대해서는 아무 정보도 얻을 수 없었다.

또 이번에 아주 세부적으로 이 도서관 건물을 답사해보니까 후대에 첨가된 것과 원래부터 있었던 것들을 구별할 수 있었는데 여기서 그것을 일일이 언급할 필요는 없을 것

도서관 3동 문 앞에서(1970년)

같은 자리에서(2018년)

이다. 또 그런 것은 현장에서 실물을 놓고 말해야 실감이 나지 이처럼 지면에서 언급하면 이해하기 힘들다. 이 2동 건물은 그 뒤의 3동 건물로 이어진다. 이 3동 건물은 경기중학교 건물로 쓰였던 것으로 1955년에 지었다. 6.25 전쟁 이후 다른 곳(임시교사)에 있던 경기중학은 이때 이 건물로 들어온다. 나는 3년 간 이 건물에서 공부(?)를 했다(사실은 공부한 기억이 없어서 ?표를 한 것이다). 이번에 다시 이 건물에 들어와 보니 앞에서 말한 대로 확실하게 이 건물은 한국인이 지었다는 것을 알 수 있었다. 계단부터 제대로 만들어놓지 않았으니 말이다. 계단 하나하나의 높이가 일정하지 않았다. 그리고 바닥 처리도 엉망이었다. 이어지는 부분마다 높이에 차이가 있었다. 예를 들어 계단이 끝나고 바닥이 시작될 때 수평을 유지하지 못했고 다른 바닥으로 이어질 때 또 수평이 깨지곤 했다. 이렇게 되면 걷는 사람들이 힘들어지는 법이다. 자칫하면 넘어질 수도 있다.

일제식민기에 지은 앞의 두 건물은 이런 것이 일절 없었다. 모든 곳이 말끔하게 처리되어 있었다. 여기서 공부할 때에는 그런 것을 하나도 몰랐는데 이제와 보니 명명백백해졌다. 그런데 이곳에서 수업하던 시절이 50년 전 일이라 그런지 지금은 아무 기억도 나지 않았다. 그때 교실이 어디였는지, 교무실이 어디였는지에 대한 기억이 조금도 나

표면이 맞지 않는 3동 바닥

지 않았다. 아마 생각하기 싫어 그런 것 아닐까 한다. 그래
서 그냥 휙 둘러보고 밖으로 나왔다. 이제 이 도서관을 나
가야 할 때인데 부속 건물들을 보며 천천히 나가면 되겠다.

　도서관을 나서면서　이 도서관 3동 뒤에는 작은 언덕이 있
는데 경기고교 시절 그 언덕에는 미술관이 있어 가끔씩 미
술 수업을 하러 그곳에 갔던 기억이 난다(건물은 지금도 있
다). 특히 그림을 그리는 날에는 그곳에서 수업을 했다. 그
때는 잘 몰랐는데 그 당시 이렇게 수업을 할 때 별도의 교
실로 가서 하는 학교는 별로 없었던 것 같다. 지금이야 대
부분의 학교에서 이렇게 교실을 돌아다니면서 수업을 하

지만 당시에는 이런 학교가 드물었다. 또 이 3동 건물의 오른쪽 끝에는 수영장이 있었다. 그런데 이 수영장에서 체육 수업을 했던 기억은 나지 않는다. 어떻든 그곳에서는 별 추억이 없으니 다시 1동 쪽으로 걸어 내려가기로 하자.

1동까지 내려오면 그 건물 바로 옆에 식당으로 쓰는 큰 건물이 있는 것을 알 수 있다. 경기고 시절에 이 건물은 강당이었다. 이 건물도 1동과 같이 1938년에 건설되었을 것이다. 그렇게 추정할 수 있는 단서는 건물 곳곳에 있는 문양 장식이다. 사진에서 보이는 것처럼 이 건물에는 과거 일본인이 아니면 만들지 않는 문양들이 눈에 띈다. 나는 이번에 정독도서관을 심층적으로 답사하기 전까지 이 건물이 일제식민기에 건설되었다는 것을 전혀 모르고 있었다. 나와 이 건물은 50년이라는 오랜 기간 동안 인연이 있었는데 이런 사실을 극히 최근에야 알게 된 것이다. 이번에 이 건물들에 대해 심층적으로 조사하고 꼼꼼하게 건물을 살펴 보고나서 이 건물의 건립연대를 알게 되었다.

나는 이 건물 앞에서 학생들에게 내가 여기서 겪은 이야기를 해주곤 했는데 예를 들어 이런 것이다. 아마도 1969년쯤에 있었던 일 같은데 당시에 미국에는 전설적인 권투 선수이자 전 세계 헤비급 챔피언이었던 무하마드 알리가 있었다. 그런 그가 타이틀 방어전을 했던 모양이다. 상대

식당 건물의 문양들

식당 건물

방이 누구였는지는 기억이 나지 않는다. 이때 학교에서는 아주 재미있는 발상을 했다. 전교생을 이 강당에 모아 놓은 다음 무대 쪽에 당시로서는 매우 큰 TV를 가져다 놓고 그 경기를 시청하게 했으니 말이다. 그때는 별 생각이 없이 그저 그러려니 했는데 나중에 생각해보면 이게 얼마나 촌스러운 일인지 모르겠다. 그까짓 권투 경기가 뭐 대단하다고 전교생이 시청하게 만들었는지 한심한 생각이 든다. 하기야 당시에는 장영철 선수나 김일 선수 같은 레슬링 선수들이 경기하는 날이 되면 동네 사람들이 TV 있는 집으로 몰려가 경기를 보면서 응원했으니 학교에서 이렇게 한 것도 이상한 것은 아니겠다. 그래도 그렇지 한국에서 제일 좋은 학교라는 데에서 사람을 때리는 경기인 권투를, 그것도 한국 선수가 하는 것도 아니고 미국인이 하는 것을 모든 학생들이 보게 한 것은 문제가 있겠다.

이 강당에 대한 기억은 더 이상 없다. 굳이 상기해본다면 유명 가곡이자 '내 고향 남쪽 바다'로 시작하는 '가고파'를 작사한 이은상 선생이 이 강당에서 강연했던 것 정도이다. 이 같은 사회의 유명인사가 종종 이곳에 와서 강연을 한 것 같은데 나는 생각나는 게 별로 없다. 그런 것을 생각하기보다는 이 강당 담 너머에 있는 한옥을 보는 게 더 낫겠다. 담 너머에는 아주 멋진 한옥이 있는데 이게 바

도서관에서 바라본 백인제 가 별당

로 백인제 가옥이다. 그리고 바로 밑에 보이는 작은 한옥
은 이 집의 별당이다. 이 한옥에 대해서는 다음 책에서 자
세히 설명할 터인데 동 북촌 볼 때 잠깐 언급했다. 이 집
은 일제 때 유명한 친일파인 한상용이 지은 것이다. 그래
서 집이 이렇게 크고 화려한 것이다. 한상용은 역대 조선
총독들을 이 집에 초대할 수 있을 정도로 친일의 거두였는
데 지금은 이 집을 서울시가 소유하고 있어 아무 때나 가
서 볼 수 있다. 그런데 미리 예약을 하고 가면 해설사와 함
께 이 집 안에 들어가 볼 수 있다. 이곳서 보이는 이 별당
안에도 들어갈 수 있는데 별당 마루에 앉아 보면 북촌 전
경이 한 눈에 들어와 아주 좋다. 어줍은 생각인지 모르지만

옛 음악당

이 별당은 북촌 최고의 핫 스팟 중의 하나가 아닌가 싶다.

이제 이곳을 떠나려는데 바로 앞에 흰 건물이 있어 이 건물에 대해 잠깐 언급해야겠다. 나는 지금 본 강당보다 조금 이상하게 생긴 이 흰 건물과 얽힌 추억이 많다. 이곳은 경기고 시절 음악당으로 쓰이던 곳이다. 음악 수업은 대부분 이곳에서 한 것으로 기억이 난다. 내가 이 건물을 잊지 못하는 것은 이곳에 야마하 그랜드 피아노가 있었기 때문이다. 1970년 전후에 한국 사회에서 야마하 피아노를 구경하는 것은 쉽지 않은 일이었다. 그런데 여기에는 야마하 피아노가 있었고, 그것도 흔한 업라이트 피아노가 아니라 그랜드 피아노가 있었으니 대단한 것이다. 당시에 나는 야마추어 수준으로 피아노 치는 것을 좋아했는데 이 음악당 피아노를 쳐보면 신세계를 경험하는 것 같았다. 소리가 맑은 것은 말할 것도 없고 건반의 터치가 그야말로 환상적이었다. 건반을 살짝만 눌러도 알아서 떨어지는 게 신기했다.

당시 야마하는 세계 제일의 악기 제조 회사인지라 이런 멋진 피아노를 만든 것일 것이다. 그래서 나는 음악 시간이 되면 한시라도 빨리 음악당으로 갔다. 목적은 간단하다. 음악 선생이 오기 전까지 이 피아노를 치고 놀고 싶었기 때문이다. 당시 소문에 어떤 부유한 선배가 이 피아노를 기증했다고 하는데 그 이의 이름은 모른다. 그때는 그저 얼마나 돈이 많으면 이런 비싼 피아노를 학교에 기증했을까 하는 생각뿐이었다. 지금 이 건물은 이전처럼 음악당으로 쓰고 있는 것은 아니고 식당으로 쓰고 있는 것 같던데 그 정확한 용도는 모르겠다.

그 정도만 추억에 젖고 어서 이곳을 떠났으면 하는데 이 음악당과 관련해서 하고 싶은 이야기가 있다. 중 1(1968년) 때의 일로 기억하는데 당시 음악을 우리에게 가르쳐주었던 한상우 선생은 결코 잊지 못할 분이다. 이 분은 경기중학에 오래 계시지 않고 곧 MBC FM으로 직장을 옮겨 1972년부터 14년 동안 매일 오전 11시부터 1 시간 동안 방송되는 '한상우의 나의 음악실'이라는 서양고전음악 프로그램을 진행했다. 그리고 그 다음에는 여러 자리에 있으면서 한국의 서양고전음악 발전에 큰 공을 세우셨다. 이 분이 기억에 남는 것은 그가 우리 같은 10살 갓 넘은 아이들을 인격적으로 대우해주었고 자칫 고답적인 시간이 될 수 있는 음악 시간을 너무도 재미있게 이끌어주었기 때문이다. 그는 음악 교과서는 재미없다고 생각해 다른 가외의 교재를 통해 전 세계의 주옥같은 노래를 가르쳐주었다. 예를 들어 '창밖을 보라'라든가 '화이트 크리스마스' 같은 캐럴도 이 분으로부터 수업시간에 배웠다.

이 분과 관련해 아직도 잊지 못하는 장면이 있다. 수업시간에 이 분이 갑자기 피아노로 프랑스 영화인 '남과 여'의 주제가를 연주한 것이다. 서양 고전음악에 경도된 다른 음악 선생들은 생각하지도 못한 일을 하신 것이다. 영화 주제가(OST)는 당시 유행가처럼 취급되었기 때문에 그런 음악을 수업시간에 들려주는 것은 있을 수 없는 일이었다. 그런데 신성한 수업시간에 그런 불손한 음악을 어린 학생들에게 직접 연주하면서 들려주었으니 대단한 것이다. 내게 있어 이 분은 다시는 없는 (음악)교사로 기억된다. 그런데 나도 같은 교직에 있지만 그 분의 발끝에도 가지 못하니 통한의 염(念)만 생길 뿐이다.

감고당 길을 걸으며

감고당 길을 거꾸로 걸으며 - 인사동 쪽으로　이제 도서관을 나서자. 나는 내가 정독도서관에 대해 이렇게 많은 이야기를 할 줄 몰랐다. 가능한 한 개인적인 이야기는 줄이자고 다짐을 했건만 이렇게 길어지고 말았다. 사실 하고 싶은 이야기는 이보다 훨씬 더 많지만 그것을 다 말할 수는 없는 일이다. 그래서 나는 다른 사람도 공감할 수 있는 내용만 추려서 쓰려고 했는데 이게 성공했는지는 잘 모르겠다. 나는 추억에 도취해 자신이 겪은 일이 대단한 것처럼 자기의 과거에 대해 떠벌이는 사람을 꽤나 보았다. 그 때문에 나는 그러지 말아야지 하고 다짐했는데 그 시도가 그리 성공한 것 같지 않다. 객설이 또 길어지는데 이제 답사를 마칠 시간이다. 답사 시간이 두 시간을 넘어가고 있기 때문이다(처음에는 30분만 하려고 했는데 너무 길어졌다).

이제 우리는 도서관 앞에서 인사동으로 가는 길을 따라가면서 이번 답사를 마쳤으면 한다. 이 길은 원래 '감고당 길'이라 불렸는데 지금은 '율곡로3길'이라는 행정명으로도 불린다. 이 평범하게 보이는 길에도 옛 유적의 흔적들이 적지 않게 남아 있다. 그러나 실물은 남아 있지 않고 표지석만 있기 때문에 그리 길게 이야기할 필요를 느끼지 못

감고당길 표지판

한다. 도서관 바로 앞 지역은 수도 없이 바뀌었지만 앞에서 말한 것처럼 '천수 편의점 사랑'이라는 구멍가게 식의 점방은 변하지 않고 약 50년 동안 굳건히 자리를 지키고 있다. 그 근처에 가면 나도 그곳에서 마실 것들을 사니 이 점방의 위치가 아주 좋은 것을 알 수 있다. 그러니 다른 가게로 바뀌지 않고 그대로 있는 것이다.

　그 밑으로 내려오면서 둘러보면 이전에 있던 가게나 한옥 중에 남은 것이 하나도 없다. 도서관 바로 앞에 있는 선재미술관도 그렇다. 앞에서 본 대로 서태지가 말한 것처럼 그곳에 그의 집이 있었다면 내가 학교를 다닐 때에도 거기에 한옥이 있었을 터인데 당시에 어땠는지 당최 기억이 나지 않는다. 그 흔한 사진 한 장 없다. 참으로 빈곤한 기록의 시대이다. 지금 기억나는 것은 이 길을 따라 있던 중국집과 목욕탕뿐이다. 이 중국집은 아이들이 몰래 가서 중국술인 '빼갈[10]'을 먹고 담배 피던 곳이라 잊히지 않는다. 내 기억에 이 집의 이름은 '회영루'였는데 아이들은 이곳에서 고교생으로 해서는 안 될 일을 했기 때문에 보통 방에 가서 이 짓을 했다. 그러다 옆방에 데이트하는 남녀가 들어오면 문틈으로 그들을 엿보느라 정신을 못 차렸다. 당시는 연예하는 남녀들이 이런 중국집 방에 와서 간단한 피부접촉을 해결하던 때라 한창인 고교생들한테 이런 '아베크족[11]'들의 생생한 현장은 엄청난 볼거리를 제공했다. 한번은 이런 일도 있었다.

방에 들어온 남녀가 식사를 끝내고 간단한 피부접촉에 열을 올리자 옆방에 있던 고교 아이들이 문틈으로 엿보기 시작했다. 그러다 이 아이들이 더 좋은 자리를 차지하겠다고 서로 상대방을 밀친 모양이다. 그 힘에 그만 문이 앞으로 무너져 이 아이들이 모두 이 남녀의 방으로 쏟아져 들

10) 지금은 백주(白酒)라고 부르는 중국술을 이전에는 이렇게 불렀다. 한자로는 '白干兒' 혹은 '白乾兒'라고 하는데 이것을 중국 발음으로 읽으면 '빼갈'과 비슷한 발음이 나온다.
11) 아베크는 불어로 'avec'를 말하는데 '함께'라는 뜻의 전치사이다. 영어의 'with'와 똑같은 뜻과 기능을 갖고 있다.

어갔다. 그때 양측의 무안함과 머쓱함은 글로 표현하지 않아도 될 것이다. 그 코미디 현장은 얼마나 웃겼을까? 이 중국집 앞에 가면 그 이야기가 생각나서 그것을 학생들에게 이야기해주곤 했다. 그러면 그들은 중국집에 허름한 방이 있고 거기에서 얕은 수준에서 연애 행위가 이루어지는 것에 대해 실감하는 눈치가 아니었다. 지금과는 워낙 다른 풍경이기 때문이다. 이 중국집이 있던 자리는 현재 잡화점이 들어와 있어 옛 모습은 전혀 찾을 수 없다.

그 바로 밑에는 '복수탕'이라는 목욕탕이 있었는데 지금은 '불루 xx'이라는 패션 잡화점이 들어서 있다. 이전에는 이렇게 동네마다 목욕탕이 있었다. 앞에서 본 것처럼 삼청동에는 '삼화탕'이, 또 전 권(券)에서 다룬 동(東) 북촌에는 '중앙탕'이 있었으니 말이다. 나는 이 목욕탕에 가서 목욕해 본 적은 없다. 학교 다니다 목욕할 일은 없기 때문이다. 그러나 그 앞을 지나다니는 고교생들이 이 목욕탕을 두고 이야기를 지어내지 않을 리가 없다. 그런 호기심 어린 이야기 중의 하나가 목욕탕에 불이 났을 때 사람들이 어떤 반응을 보이느냐는 것이었다. 이 목욕탕에 실제로 불이 났는지 안 났는지는 확실히 기억나지 않는다. 그럼에도 불구하고 당시 아이들은 이곳에 불이 나면 목욕하던 사람들이 밖으로 뛰쳐나올 때 어떤 자세로 나오느냐를 가지고 열심히 토론하곤 했다.

　왜 이 길이 감고당길이었을까?　추억은 추억으로 간직하고 이제 우리가 걷고 있는 이 길이 왜 감고당길로 불렸는지에 대해 알아보도록 하자. 그 전에 보아야 할 것이 있다. 도서관서 조금만 내려오면 덕성 여중고가 있다. 안국동을 바라보고 왼쪽이 덕성여고이고 오른쪽이 여중이다. 그런데 여중이 시작되는 지점에 표지판이 하나 보인다. 이 표지판은 잘 보이지 않아 지나치기 쉽다. 표지판에는 이곳이 구 천도교 중앙총부 자리였다고 적혀 있다.

　이 총부 건물은 1910년에 2층으로 건설되었다고 한다. 그러다 천도교 교단에서 1921년에 경운동에 현재도 그곳에 있는 대교회당을 건립하고 그 옆에 총부 건물을 세우면서 총부는 그리로 이전된다. 여기에 있던 옛 총부 건물은 사라졌지만 교회당 옆에 있던 총부 건물은 아직 남아 있다. 지금 천도교 총부를 가서 보면 그곳에는 대교회당이 있고 그 옆에 10층이 훨씬 넘는 수운회관이라는 큰 건물이 있다. 이 수운회관 자리가 바로 이전에 총부 건물이 있던 곳이다.

　천도교 교단은 이 총부 자리에 수운회관을 지으면서 여기에 있던 건물을 없애버리지 않고 수유리에 있는 의암 선생 묘 옆으로 옮긴다. 건물을 통째로 옮긴 것이다. 그런데 이 건물은 현재 남아 있는 몇 안 되는 일제식민기의 규모 있는 건물인지라 당시를 배경으로 한 드라마나 영화를 찍을 때 자주 이용되었다(예를 들어 '야인시대' 같은 드라마). 사진으로 이 건물을 보면 전형적인 일제식민기의 건물이라는 것을 알 수 있다.

이 자리에서 유념해야 할 것은 천도교는 바로 이 총부를 중심으로 3.1 운동을 주모(主謀)했다는 것이다. 나는 기회가 있을 때마다 3.1 운동은 개신교나 불교가 아니라 천도교의 조직과 자금으로 일어난 독립운동이라고 힘주어 말한다. 이것은 민족지도자 33인의 대표가 천도교의 수장인 손병희 선생인 것만 보아도 알 수 있다. 또 독립선언서를 인쇄한 곳도 천도교가 직영하는 인쇄소였고 그것을 태화관에서 낭독한 사람도 천도교의 이종일 선생인 것 등을 통해서도 3.1 운동에서 천도교가 차지했던 위상을 알 수 있다. 이에 대해서는 할 말이 쇠털(새털이 아니다!)처럼 많지만 지면 상 삼가기로 하자. 이 자리에서 놓치지 말아야 할 것은 바로 이곳에 3.1 운동 당시 실질적인 구심점 노릇을 한 건물이 있었다는 사실이다.

아쉬움을 남기고 조금만 더 내려오면 위에 육교가 있는 것을 발견할 수 있다. 이것은 덕성여고와 덕성여중을 잇는

천도교 옛 총부 건물 터 표지석

수유리에 남아 있는 옛 천도교 중앙 총부 건물

것으로 그것을 보고 있으면 또 옛일이 생각난다. 이 덕성여고는 내가 고등학교 다닐 때 여고 가운데 5대 극성이라는 별명을 갖고 있었다(덕성도 '성'으로 끝나니 극성 가운데 하나가 된 것이다). 극성이라고 불렸던 이유는 이 학교에 다니는 학생들이 굉장히 괄괄했기 때문인데 자세한 것은 모르겠지만 다음의 일로 그 사안을 어느 정도는 파악할 수 있을 것 같다.

내가 들은 바로는 등교 길이나 하교 길에 경기 중학 1, 2학년생이 지나가면 덕성여고 2, 3학년생들이 어린 남학생들의 모자를 뺏어서 장난을 쳤다고 한다. 여고 학생들이 그 모자를 가지고 서로 주고받으면 어린 중학생이 모자를 뺏긴 것에 대해 무안해 하면서 모자를 되찾으려고 여고 누나들 사이에서 허둥대는 모습이 연상된다. 생각해보라. 당시 중학생들은 아직 사춘기가 되지 않아 국민(초등)학생에 불과한 젖비린내 나는 아이들이었다. 이에 비해 덕성여고생들은 이미 처녀가 다 된 친구들이다. 이들이 볼 때 젖내 나는 경기중학교 아이들이 얼마나 귀여웠을까. 그러니 그 아이들을 데리고 가지고 놀지 않았을까 싶다. 덕성여고생들은 여기에 그치지 않고 앞에서 말한 육교에 서서 등하교 하는 경기 중학 아이들에게 야유를 보내며 놀려댔다고 한다. 그러나 나는 직접 당해보지 않아 그 실상은 잘 모르는데 당시 덕성여고생들을 생각해보면 능히 그런 일을 했을 것 같다.

덕성여고 이야기를 자꾸 하는 것은 이 덕성여고에 바로 감고당이라는 저택이 있었기 때문이다. 덕성여고 정문에 표지석이 있는데 이 집은 원래 숙종이 자신의 부인인 인현왕후의 친정을 위해 지어준 집이었다고 한다. 여기서 끝났으면 이 집은 '잊혀졌을' 터인데 인현왕후가 장희빈 등의 세력에 의해 폐위된 뒤 이 집서 6년 동안 거처함으로써 세간의 주목을 받았다. 그런 인고의 세월을 지낸 끝에 그는 여기서 다시 왕후로 복귀했다. 그 뒤로 이 집은 계속해서 민 씨들이 살았다. 이 집의 이름이 감고당이 된 것은 숙종에 이어 왕이 된 영조가 친히 이 집에 와서 옛날을 추모한다는 의미로 '감고당(感古堂)'이라는 이름을 직접 써서 하사한 데에서 나온 것이라고 한다.

이 집의 의미는 여기서 끝나지 않는다. 후에 고종의 비가 되는 명성황후가 왕후로 간택된 것도 그가 이 집에 살고 있을 때였다고 한다. 그는 여주에서 태어났는데 아버지가 죽은 뒤 8살 때 이 감고당으로 와서 홀어머니와 살던 중 왕비가 된 것이다. 그러니까 이 집에서 두 명의 왕비가 탄생한 것이니 대단한 집이라 아니할 수 없다. 그런데 여기에는 감고당만 있는 것이 아니라 온고당이라는 집도 있었다고 한다. 이 두 집은 덕성여고가 들어서고도 한동안 그 자리에 있었다. 그러다 1966년 덕성여고가 운동장 공사를 하면서 감고당을 쌍문동에 있는 덕성여대 안으로 옮기게 된다(그런데 온고당의 거취에 대해서는 언급이 없다). 그러다 마침 여주 시에서 명성황후의 생가를 중심으로 성역화 사업을 시작하자 논의 끝에 이 감고당 건물을 명성황후의 생가 옆으로 옮기게 된다.

그런데 1924년에 나온 신문 기사[12]를 보면, 이 집을 거론하면서 인현왕후가 6년 동안 거처하던 방이 아직도 남아 있다는 이야기가 나온다. 그렇다면 17세기 후반에 지은 이 집은 그 역사가 거의 400년이 되는 것이다. 그런데 궁금한 것은 현재 남아 있는 감고당의 안채와 원래의 그것이 조금 다르게 보인다는 것이다. 이전 것을 보면 집 두 채를 붙여놓은 대단한 크기인데 복원해 놓은 것을 보면 훨씬 단출하게 보인다. 집이 두 채가 아니라 한 채로만 되어 있기 때문이다. 이 건물의 복원이 제대로 되었는지 아닌지에 대해서 누구에게 물어봐야 할지 모르겠다. 그러나 어떻든 이 터에는 지금 아무 것도 남아 있지 않으니 오래 있을 이유가 없다. 더 관심이 가는 사람은 여주에 있는 명성황후의

12) 동아일보, 1924년 6월 25일자

감고당(感古堂 서울시 안국동 36번지, 지금의 덕성여고 자리)

옛 감고당 건물

감고당 현판

감고당 길을 걸으며

생가를 방문해보면 되겠다. 나도 곧 시간을 내어 한 번 방문해야겠다는 생각이다.

이제 마지막 집이 남았다. 안동별궁인데 그것에 대해 보기 위해서는 이 길의 입구에 있는 옛 풍문여고 자리로 와야 한다. 이 풍문여고에는 원래 상당히 큰 건물들이 있었다. 별궁이었으니 그 규모를 알만 하겠다. 실제로 풍문여고가 개교하는 1940년대 중반의 사진을 보면 학교 교사 전체를 별궁 건물이 가리고 있는 것을 볼 수 있다. 이곳이 안동별궁으로 불린 것은 이 지역이 안국방 소안동(小安洞)이었기 때문이다. 따라서 여기 나오는 안동은 한자도 '安洞'이지 경북 '安東'이 아닌 것에 유념해야 한다.

이 지역은 궁도 가깝고 명당으로 소문이 나 주로 왕실의 인사가 거처하는 곳으로 이용되었다. 이곳에는 세종의 아들도 살았고 성종의 형인 월산대군도 사는 등 인기가 많았다. 그러다 이곳에 지금의 별궁이 들어선 것은 고종 때의 일이다. 순종을 일찍 본 고종은 그를 세자로 책봉하고 결혼식 할 건물을 마련하고자 왕실 직속의 별궁을 여기에 세운다. 그게 1881년에 완공된 이 안동별궁이다. 순종은 이곳에서 실제로 2번 결혼을 하게 된다.

그 다음에 전개되는 복잡한 과정은 생략하고 풍문여중고가 어떻게 여기에 들어섰는가에 대해서만 보기로 하

풍문여고 교사 앞에 있던 안동별궁

이전된 안동 별궁(한국전통문화대학교 소재)

자. 우리가 동 북촌을 답사했을 때 보았던 것처럼 휘문고의 '휘'가 민영휘의 이름에서 따왔듯이 풍문의 '풍'도 비슷한 과정을 거쳐 만들어졌다. 이 지역에는 민영휘의 아내인 안유풍이 1937년에 '경성휘문소학교'를 세워 운영하고 있었다. 그러다 7년 뒤에 그들의 증손자인 민덕기가 이 소학교를 여학교로 개편하게 된다. 이때 이 학교의 이름을 증조모의 이름에서 '풍' 자를 따오고 휘문에서 문을 따와 '풍문'이라고 한 것이다.

이 별궁의 건물은 학교가 세워진 뒤에도 학교에서 이용했는데 1965년에 이 궁 자리에 학교 건물을 더 세우려는 계획에 따라 안타깝게도 모두 매각한다. 당시 사람들이 조금이라도 안목이 있었다면 그 건물을 그대로 보존했을 텐데 그러지 못해 아쉬움이 크다. 그 건물들이 지금도 있었다면 그곳은 북촌에서 가장 '핫한' 장소가 되었을 것이기 때문이다. 그런데 당시 풍문여고의 사정을 모르는 나는 섣불리 예단해서는 안 될 것이다.

이 건물들의 현재 소재지를 보니, 정화당이라는 건물은 우이동으로 이전되어 현재 개인회사 연수원 안에 있다. 다른 건물인 현광루와 경연당의 운명은 초반에는 매우 좋지 않았다. 경기도 고양에 있는 골프장으로 팔려가 수영장 관련 건물 혹은 창고로 이용되었다고 하니 말이다. 그러나 다행히도 2006년에 문화재청에서 구입해 부여에 있는 한국전통문화대학교 교내에 복원해 놓았다. 이렇듯 이 건물의 초반 운세는 좋지 않았지만 나중에는 그래도 복원이 됐으니 다행이라는 생각이다. 그러나 제일 좋은 것은 이 건물들이 모두 제자리로 돌아와 옛 모습과 위용을 뽐내는 것인데 그럴 기미는 보이지 않는다. 당국은 이곳에 공예문화박물관을 세운다고 하는데 설계도 안에는 이 건물들의 복원 모습이 보이지 않는다.

풍문여고 정문에 이 박물관의 조감도 같은 게 달려 있어 살펴보니 거기에는 이 건물들이 보이지 않는다. 왜 이 건물들이 귀환되지 않는지 그 자세한 사정은 알지 못해 무엇

현재 공사중인 풍문여고

이라 말할 수 없다. 그러나 이 건물들이 제 자리로 돌아오지 않는다면 북촌은 물론 서울시민에게 큰 손해일 것이다.

이곳을 보면서 누가 이 땅에 공예박물관 세울 것을 결정했는지 궁금하기 짝이 없다. 이 금싸라기 같은 땅에 무엇인가 하려고 할 때에는 여러 사람들에게서 의견을 들었어야 하는데 과연 그런 과정이 있었는지 모르겠다. 적어도 나는 신문에서 그런 과정에 대한 기사를 본 적이 없다. 기사를 보았을 때는 이미 결정이 난 다음이었다. 나에게 이 공간의 활용도에 대해 물었다면 이전의 별궁 건물들을 모두 가져와 복원하고 전통 한옥으로 구성된 전통마을을 재현하자고 했을 것이다. 이 공예박물관의 조감도를 보니 또 서양 건물 일색이다. 이곳에 제대로 만든 한옥들이 들어선다면 인사동을 출입하는 수많은 외국인들이 와서 보고 한옥을 찬탄할 터인데 그렇게 하지 못하니 아쉬울 뿐이다. 끝까지 미련이 남는 답사라 아니 할 수 없다.

답사를 마치고 식당으로

이제 서 북촌의 일차 답사를 마쳤다. 답사가 끝났으니 식당으로 가야 하는데 이 감고당 길과 근처에 있는 몇몇 식당을 소개했으면 한다. 사실 식당으로 가려면 정독도서관 쪽으로 다시 올라가야 하는데 아까는 유적을 소개하고 있었기 때문에 식당에 대해 이야기할 수 없었다.

이제부터 소개하는 식당은 소개할 만한 식당에만 한한다. 이 지역은 가게뿐만 아니라 식당들이 너무 자주 바뀌기 때문에 사라질 가능성이 많은 가게들에 대해서는 언급하지 않겠다는 것이다. 먼저 정독도서관에서 경복궁으로 가는 길에 있는 맛집을 보면, 이 길에 있는 식당 가운데 대표적인 곳은 아마도 '황생가 칼국수' 집과 '큰 기와집'일 것이다. 나는 여간해서는 이 두 집에 가지 않는다. 황생가 칼국수 집은 두세 번 간 적이 있는데 더 이상 가지 않는 이유는 이 집보다 싸고 맛있는 집이 이 근처에 있기 때문이다. 이 집에 대해서는 곧 이야기할 것이다. 이에 비해 큰 기와집은 가격이 세서 갈 엄두를 내지 못했다(돈이 없어서 안 간다기보다는 이런 집에 가서 돈을 쓰기 싫어서 가지 않는다고 하는 게 더 맞는 말일 게다).

나는 이런 집보다는 조금 촌티가 나도 저렴하고 편하게 먹을 수 있는 식당을 좋아하기 때문에 이런 집은 저절로 피하게 된다. 내가 이 지역에서 자주 가는 식당은 그 식당 사람들과 다 잘 아는 사이라 격의 없이 편안하게 밥을 먹을 수 있는 곳들이다. 반면에 지금 말한 두 집에서는 식당 사람들과 전혀 인간적인 관계를 맺지 못한다(큰 기와집은 가보지 않아 자신 있게 말할 수 있는 것은 아니지만). 남처럼 들어가서 음식만 먹고 나오는 그런 식이다. 그래서 재미가 없다.

그런데 내가 이해할 수 없는 것은 미슐랭의 평가다. 미슐랭에서는 황생가 칼국수를 이른바 가성비가 좋은 식당으로 선정했는데 그게 이해가 안 된다는 것이다. 이 식당은 2018년에 미슐랭 선정 빕 구르망 48곳 가운데 하나로 뽑혔다. 이것은 물론 서울 지역에만 한한 것이다. 그런데 나는 완전히 반대의 이유로 이 식당에 가지 않는다. 즉 가격이 비싸서 가지 않으니 말이다. 이렇게 된 이유를 생각해보면, 내가 돈이 별로 없는 계층에 속해 있거나 아니면 음식에는 돈을 많이 쓰지 않으려는 주관적 의도가 있기 때문이 아닌가 싶다. 한 마디로 말해 내게는 이 집의 국수 값(9천 원)이 비싸다. 그리고 술 한 잔 하면서 안주로 다른 음식(보쌈이나 수육 등)을 시키면 가격이 월등하게 뛴다. 그러니 부담이 된다. 또 다른 것도 지적할 게 있지만 공연한 비난은 삼가겠다. 어떻든 이 집은 가격도 비싸고 앉아서 편하게 막걸리 한 잔을 할 수 있는 집이 아니라 나는 가지 않는다. 그러나 나와 다른 동기나 목적을 가진 사람은 얼마든지 이 식당에 가서 즐길 수 있겠다.

이런 것을 보면 미슐랭은 그 평가 기준이 나와 많이 다른 모양이다. 그렇게 생각하는 또 하나의 이유는, 이 2018년 빕 구르망에 선정된 음식점 가운데 이 근처에 있는 식당이 또 하나 있는데 이 집의 선정도 동의할 수 없기 때문이다. 그 식당은 이 황생가에서 멀리 떨어져 있지 않다. 삼청동쪽으로 수백 미터 올라가면 나오는 '삼청동 수제비' 집이 그것이다. 이 집은 내가 거의 10년 전 쯤 두세 번 가고 그 뒤로 가지 않았다. 그 사이에 이 식당은 삼청동 그 비싼 땅에 넓은 주차장도 새로 만드는 등 돈을 많이 번 모양이었다. 내가 이 집에 갔을 때 먹어본 이 집의 수제비는 분명 맛있고 좋았다. 당시 가격이 6천 원이었던 것으로 기억하는데 나는 그때에도 이 가격이 비싸다고 생각했다. 재

큰 기와집

료로는 밀가루가 대부분이었고 그 외에 반찬도 별로 없는데 왜 비쌀까 하는 생각이 들었기 때문이다(물론 멸치 육수 값도 생각해야 할 것이다).

그런데 지금은 8천 원을 받는다. 그래서 이 집에는 더 갈 일이 없겠다는 생각이다. 밀가루 반죽 익힌 것을 먹고 8천 원을 내기는 아까운 것이다. 나는 이처럼 이 집의 음식이 비싸다고 생각하는데 미슐랭은 비싸지 않다고 하니 내가 돈이 없는 사람인 것은 확실하다. 그러나 이 돈을 주고라도 이 집의 수제비를 먹고 싶은 사람은 이 집에 가도 아무 문제없다. 위의 의견은 내 개인적인 견해에 불과하기 때문이다.

그에 비해 큰 기와집은 내가 시식해 본 적이 없으니 그 집의 음식에 대해서는 무엇이라고 말할 수 없겠다. 그 집은 미슐랭에서 별 하나를 받았으니 상당히 명망 있는 음식점일 것이다. 그 집의 간장게장은 300년이나 된 유서 깊은 간장으로 만드는 것이라고 하는데 만일 이 말이 사실이라면 맛이 어련하겠나 하는 생각이 든다. 그런데 유의해야 할 것은, 이때 간장이 300년 묵었다는 것은 그 간장이 그대로 300년 됐다는 것은 아니라는 것이다. 그럼 이것은 어떤 간장을 말하는 것일까? 원리는 간단하다. 그것은 먼저 만든 간장을 다 먹지 않고 밑에 조금 남겨 놓은 다음 거기에다가 새 간장을 붓는 그런 일을 300년 간 했다는 것이다. 이렇게 하면 이전 간장이 갖고 있던 맛이나 향이 그대로 보존된다고 한다.

　어떻든 내가 이 집에 가지 않는 이유는 값이 비싸다는 이유도 있지만 이 식당은 밥집이지 밥과 술을 겸하는 곳이 아니라는 것도 있다. 나는 저녁 때에는 안주와 술만 먹고 밥을 별로 먹지 않기 때문에 내게는 이런 집이 어울리지 않는다. 언젠가는 이 집에 가서 먹어보아야겠다는 생각을 하지만 대부분 학생들과 다니니 이 집은 그 앞만 지날 뿐 들어가 보지 못했다. 학생들에게는 이 집의 음식값이 너무 세니 어쩔 수 없는 일이다. 그런데 이 집을 지날 때 마다 문제가 있다고 느끼는 것은 이 식당의 외관이다. 큰 기와집이란 이름과 너무도 안 어울린다. 그저 기와집 흉내만 냈을 뿐이다. 기와집의 아름다움이 전혀 보이지 않는다. 이 집의 음식이 진정으로 빛이 나려면 식당의 외모도 그에 걸맞아야 한다. 좋은 음식을 팔면서 건물은 이렇게 '싸게' 꾸미면 안 된다. 음식점에는 음식만 먹으러 가는 것이 아니라 그와 관계된 모든 문화를 즐기러 가는 것이다. 이 점에서 한국의 요식업자들은 아직 갈 길이 먼 것 같다.

다시 도서관 앞으로 와서 안국동을 내려가다 보면 왼쪽으로 윤보선 고가로 가는 길이 있는데 그 길로 들어서면 이 지역서 제일 유명한 떡볶이 집인 '먹쉬돈나'라는 집이 나온다. 이 이름의 의미는 잘 알려져 있으니 언급하지 않겠다. 이 집은 원래 덕성여고 위에 있는 골목에서 작은 집으로 시작했다. 그때부터 줄서서 먹는 집으로 유명했다. 나도 맛이 궁금해서 몇 번 갔는데 줄 때문에 포기하고 식사 시간이 아닐 때 가서 간신히 한 번 먹어보았다. 예상했던 대로 신당동 떡볶이였다. 사실 내 나이 또래 사람들은 이것을 떡볶이라 말하지 않는다. 왜냐하면 떡볶이라면 떡이 주인공이어야 하는데 이 음식에는 떡이 조연으로 나오기 때문이다. 그래서 우리는 이 음식을 그저 잡탕이라고 말한다. 떡도 들어가지만 그 이외에 다양한 재료가 들어가

번창하는 먹쉬돈나

기 때문이다. 그래서 그때 한 번 먹어보고는 다시는 가지 않았다. 우리가 이전에 먹던 매콤새콤한 떡볶이의 맛이 나지 않았기 때문이다. 이런 음식은 정체성이 모호한 음식이라 할 수 있다. 그런데도 이 집이 북촌에서 큰 양옥집을 사서 큰 식당으로 변모할 수 있었던 것은 젊은 세대들에게는 이 맛이 통한 때문일 것이다. 맛은 주관적일 수 있으니 자신이 좋아하는 맛만이 맞는다고 섣불리 말할 수는 없겠다. 그 맛이 좋은 사람은 계속해서 그 음식을 먹으면 된다. 또 그 앞에는 이 지역에서 유일한 한정식 집이 있는데 한국인 치고 한 끼 해결하러 한정식 집에 가는 사람은 없으니 이 집에 대해서는 언급하지 않으려다.

내가 진짜 소개하고 싶은 식당은 거기서 조금 더 내려와야 한다. 그런데 식당 이름이 가관이다. '촌북냉면'으로 되어 있으니 말이다. 원래 이름은 북촌냉면이었을 텐데 저작권 때문에 시비가 생겨 이름을 이렇게 바꿨다고 한다. 어떤 친구가 북촌냉면이라는 이름을 저작권 등록을 하고서는 시비를 걸어오는 바람에 어쩔 수 없이 이름을 이렇게 바꾸었다고 한다. 이 식당을 소개하고 싶은 이유는 이 곳 북촌에서 내가, 그러니까 60대에 속한 사람이 갈 수 있는 몇 안 되는 식당이기 때문이다. 북촌은 젊은 사람들이 점령해버려 우리 같은 노장 아닌 노장이 갈 수 있는 식당이 거의 없다. 그런데 이곳에서는 나 같은 '노털'들이 합리적인 가격으로 다양한 음식을 즐길 수 있어 좋다. 냉면 맛도 괜찮다. 그 외에 내장탕이나 설렁탕 같은 것은 6천원에 불과하면서 맛은 괜찮다(그런데 2018년 8월 현재 7천원으로 올랐다). 가격대비로 생각해보면 대단히 훌륭한 식당이다.

또 불고기는 1인분에 1만 2천 원인데 그에 따라 나오는 반찬이 좋다. 생갈비는 이보다 2배 비싼데 이 음식도 가격대비하면 아주 좋은 음식이다. 근처에는 고기만 전문으로 파는 유명한 집이 있는데 가격이 이 집보다 2배가 비싸지만 가격 대비하면 효용성이 이 집보다 많이 떨어진다. 이 두 집을 다 경험해 본 사람들은 두 말 하지 않고 이 촌북

촌북냉면

촌북냉면집의 물냉면

냉면집을 선택한다. 이 집은 이 자리에 1990년대부터 있었는데 불고기나 갈비를 시킬 때 나오는 반찬이 이전, 그러니까 1970년대의 것과 비슷해 좋다. 이렇게 고전적(?)으로 찬이 나오는 집도 요새는 흔치 않다. 그리고 일하는 분들도 모두 친절하다. 이런 식당은 들어서면 다 아는 분들이 있어 편한 마음으로 밥과 술을 먹을 수 있다. 앞에서 보았던 고급식당처럼 밥만 후다닥 먹고 나가는 게 아니라 편안한 마음으로 음식을 즐길 수 있어 좋다는 것이다. 이 식당에는 외국인들도 많이 오는데 어떻게 알고 오는지 신기하다. 그런데 주문을 받는 분이 영어를 거의 못하는 데도 주문이 성사되지 않은 것을 본 적이 없다. 그래서 더 신기하다.

이 길을 따라 내려오면 또 소개하고 싶은 식당이 나온다. 덕성 여고 바로 옆에 골목이 하나 있는데 그곳으로 들어가면 만나는 '별궁 식당'이 그것이다. 이곳은 잘 알려져 있어 별도의 소개가 필요 없을 것이다. 전공은 청국장 백반으로서 이 집의 청국장은 썩 훌륭하다. 게다가 한옥 방바닥에 앉아 먹게 되어 있어 집에서 먹는 것 같은 느낌이 들어 좋다. 그런데 다(多)인 분을 시키면 청국장이 큰 사발에 나와 그것을 나누어 먹어야 하는데 그럴 때 항상 양이 부족해서 아쉬울 때가 많았다. 어떻든 이곳을 가보지 않았다면 한 번은 방문해도 좋을 집이라 하겠다.

풍문여고 담장옆으로 들어가는 별궁식당 입구

별궁식당 정문

안고집 칼국수 전문식당 입구

그 다음에 마지막으로 소개할 집이 있는데 그곳은 '안고 집'이라는 이름의 칼국수 집이다. 이 식당은, 풍문 여고에서 동 북촌 쪽으로 가다 보면 걸스카우트 연맹 건물을 만나는데 그것을 끼고 좁은 골목으로 들어가면 있는 집이다. 이 집은 바지락 혹은 들깨 칼국수 전문집인데 '닭도리탕'이나 두부찜도 아주 좋다(부대찌게도 좋다). 이 집의 닭도리탕은 가격대비로 하면 아주 우수한 음식이다. 이 집이 좋은 것은, 물론 맛은 기본적으로 좋지만 가격 대비 최고라는 것이다. 나는 항상 주위 사람들에게 이 집은 그 근처에서 가격대비로 볼 때 가장 좋은 식당이라고 말한다. 칼국수나 비빔밥이 모두 6천원인데 양도 많고 맛도 훌륭하다.

이 집은 전혀 홍보를 하지 않았는데도 사람들이 맛을 알고 찾아와 이제는 꽤 많은 사람들이 찾는 집이 되었다. 언젠가 갔더니 배우 고두심 씨가 와 있던데 그것을 보면 이 집이 꽤 많이 알려졌다는 것을 알 수 있다. 나는 이 집을 초창기부터 다녀 그 주인을 아주 잘 안다. 그래서 그 집에 가면 편안한 마음으로 음식을 먹을 수 있어 좋다.

이제 답사가 다 끝났는데 굳이 소개하고 싶은 집이 하나 더 있어 그 식당만 언급하고 진짜 이 답사를 마쳐야하겠다. 이 식당은 우리가 처음 답사를 시작한 삼청로에 있는 집이다. 두가헌을 지나 조금만 더 올라가면 폴란드 대사관이 나온다. 우리가 가려는 식당은 이 대사관 건물을 끼고 오른쪽으로 들어가서 다시 왼쪽으로 가야 하는데 식당의 위치에 대한 자세한 것은 어차피 말로는 설명이 힘들다. 이 식당의 이름은 '남도 추어탕'인데 그냥 가정집에서 추어탕을 팔기 때문에 제대로 된 간판이 없다. 식당 문 앞에도 아무 간판이 없다(그랬던 게 최근에 사진에서 보는 것처럼 작은 간판을 달았다). 그리고 현관도 웬만하면 닫혀 있어 영업을 하지 않는 것처럼 보인다. 게다가 다른 음식도 없고 추어탕만 판다. 추어탕 한 그릇에 만 원을 받는데 조금 비싸게 느껴지지만 내가 데리고 간 사람 중에 맛없다고 한 사람은 하나도 없었다. 그보다는 품격 있는 추어탕을 먹었

남도 추어탕 집 입구

다고 좋아했다. 이 집은 네이버 지도에도 나오는 집이니 그 가치를 아는 사람은 다 아는 모양이다. 그런데 이 집의 단점이 있다면 술을 팔지 않는다는 것이다. 사다달라고 하면 사다는 주지만 매번 그렇게 하기는 힘들다. 그래서 이 집은 저녁보다 점심에 가는 게 낫다. 술 없이 한 그릇을 거뜬하게 먹으면 좋기 때문이다.

어디서 밥을 먹든 이렇게 배까지 채우면 답사는 진짜 끝난 것이 된다. 이곳은 교통이 말할 수 없이 편하다. 버스 정거장이 있고 지하철 출입구가 바로 앞에 있기 때문이다. 여기 있는 지하철 3호선 1번 출입구 앞은 우리가 북촌 답사를 할 때 항상 만나는 장소이다. 이곳에서 만나 선학원

답사를 마치고 식당으로

을 지나 실질적으로는 윤보선 고택 앞에서 답사를 시작한다. 이 코스가 좋은 것은 북촌을 통틀어 가장 큰 가옥인 두 집을 답사할 수 있기 때문이다. 윤보선 고택과 백인제 가옥이 그것인데 특히 백인제 가옥은 언제든지 개방되어 있어 좋다. 그런 기대를 갖고 다음 답사를 기약하며 여기서 헤어지자.

마치면서

이렇게 해서 서 북촌을 짧게 빨리 보려고 했던 답사가 끝났다. 그런데 삼청로의 동십자각에서 시작해서 현대 미술관까지 가는 데만도 이렇게 오래 걸릴 줄은 전혀 예상하지 못했다. 그 거리에 얽힌 이야기만 훑는 데에도 한 시간 정도가 걸릴 판이다. 나는 이 글을 쓰기 위해 꼼꼼히 이 지역을 조사하기 전까지는 이 거리에 이렇게 많은 이야기 거리가 있는 줄 몰랐다. 이 지역에 내가 '한국문화중심'이라는 문화공간을 연 지도 벌써 6년째라 이곳에 대해 많이 아는 줄 알았다. 그러나 그것은 보기 좋게 오류로 판정 났다. 외려 아는 게 별로 없었다. 건물 하나하나에 많은 이야기들이 얽혀 있어 그것을 다 풀어내다보니 시간이 이렇게 많이 걸렸다.

그래서 서울을 답사할 때 이 지역을 시발점으로 삼는 것이 좋다. 이곳은 조선 시대부터 일제식민기, 그리고 현대까지 모든 시대가 다 들어 있어 그것들을 풀면 서울의 역사를 알 수 있기 때문이다. 이렇게 오랜 역사가 스며들어 있기 때문에 다 보려면 시간도 예상보다 많이 걸린다. 게다가 유적들이 긴밀하게 연결되어 있어 하나만 보고 끝낼 수도 없다. 예를 들어 동십자각을 두고 '이 건물은 경복궁의 동쪽 망루이다'라고 말하면 그것으로 설명이 끝날 수 있다. 그리고 다음 유적으로 가면 시간이 별로 걸리지 않는다. 그러나 우리는 자연스럽게 다음과 같은 의문을 갖게 될 것이다. 즉 '동십자각이 있다면 서십자각도 있지 않겠는가? 그런데 왜 서십자각은 없는가? 이 서십자각은 원래 어디에 있었고 없어진 이유는 무엇인가?'와 같은 질문 말이다.

그리고 동십자각 옆에 도로가 난 사연을 캐다 보니 1929년에 경복궁에서 조선박람회라는 대단히 큰 행사가 열렸다는 것을 알게 되었다. 아울러 이 도로가 당시에 어떻게 이용되었는가에 대한 사진도 찾을 수 있었고 박람회 때 발행한 그림 지도 같은 것도 발견할 수 있었다. 그리고 더 놀라왔던 것은 지금의 민속박물관 정문 자리로 옮겨진 광화문이 이 박람회 때 한껏 치장되어 있는 모습을 볼 수 있었던 것이다. 이 단순하게 보이는 '동십자각'이라는 건물 하나를 둘러싸고 이렇게 많은 이야기들이 있으니 이 답사가 빨리 진행될 수 없었던 것이다.

이것은 그 뒤에도 마찬가지였다. 현대미술관과 종친부 건물은 조선 후기와 일제식민기와 관계되고 더 나아가서 전두환 역모 사건이라는 현대의 이벤트와 얽혀 있으니 그 이야기들을 다 보려면 시간이 지체될 수밖에 없다. 미술관

은 경성의전 건물이었고 종친부는 조선의 관청 건물이었
다고만 하고 지나가도 되지만 중요한 역사가 숱하게 쌓여
있으니 언급하지 않을 수 없는 것이다. 이 마을버스 한 정
거장밖에 안 되는 거리에 세 시대의 역사가 혼재되어 있어
수많은 이야기가 나온 것이다. 이 길은 걷기에 좋은, 특히
가을 단풍이 멋있는 거리로 각광 받고 있는데 역사적으로
이렇게 많은 이야기가 있는 줄은 이곳에 오는 사람들도 잘
모를 것이다.

　어떻든 그렇게 이야기를 다 쏟아냈더니 정작 북촌으로
들어왔을 때에는 시간이 많이 경과해 답사를 마쳐야 하는
상황이 되었다. 그래서 이것으로 간편 답사를 마치고 식당
으로 가려 했는데 또 다크호스가 나타나지 않았던가? 정
독도서관이 그것으로 그곳을 6년을 다닌 내가 이 도서관
의 건물에 대해 아무것도 모르고 있다는 것에 놀라고 말
았다. 도서관 홈페이지에도 그에 대한 이야기는 없으니 이
도서관을 이용하는 사람들도 그 내력을 알지 못한다. 게다
가 이곳에는 나와 관련된 추억이 많아 또 이야기가 길어졌
다. 그렇게 끝나는가 싶었는데 마지막에 꼭 볼 곳이 있었
다. 즉 덕성 여고에 있던 감고당과 풍문 여고에 있던 안동
별궁을 지나가게 되니 이 유적들에 대해서도 언급하지 않
을 수 없었다. 이번 답사를 하면서 이 건물들의 내력과 역

사를 확실하게 알게 되어 좋았다. 그전에는 대강만 알았는데 이번 기회에 이 유적들에 대해 분명하게 알게 되어 좋았다는 것이다.

이 지역은 이처럼 어떤 길 혹은 어떤 골목을 가던지 이야기 거리가 이렇게 많다. 이것은 흡사 경주와 상황이 비슷하다 하겠다. 경주는 도시 전체가 박물관이라 어느 곳을 파던지 유물이 나온다고 하는데 이 지역도 비슷하지 않은가? 어느 곳이든 역사와 문화가 서려 있지 않은 곳이 없으니 말이다. 서울 시내에 이런 곳은 더 없으리라 생각된다. 나는 이번에 행한 심층 답사를 통해 내가 주민처럼 돌아다니는 지역의 역사를 바로 알게 되어 그 기쁨을 주체할 수 없다. 또 그것을 여러 독자들과 나누게 되니 기쁘기 한량없다.

지금 이 지역에는 엄청난 사람들이 몰려다니고 있다. 경복궁 관람 차 오는 사람부터 해서 한복 입기 열풍에 힘입어 한복 입고 돌아다니는 사람들, 삼청동 쪽으로 놀러가는 사람들 등 대단한 인파가 계속해서 밀려오고 있다. 나는 내 공간(한국문화중심)이 그곳에 있어 매일 그것을 목도하고 있다. 그런데 이곳에 오는 사람들은 이 지역이 이렇게 유서가 깊은 곳인지 전혀 알지 못한다. 이런 이들 가운데 혹시 이 지역의 역사나 문화를 알고 싶은 사람이 있다

면 이 책이 다소나마 도움이 될 수 있을 것이다. 그런 작은
바람을 갖고 서 북촌의 일차 기행을 마치자.

에필로그

이렇게 해서 서 북촌 일차 답사가 끝났지만 혹시 시간이 남으면 한 군데 더 갈 수도 있겠다. 이곳은 조계사로 답사지로서 조금 '아리까리'한 면이 있어 앞의 본문 내용에는 포함시키지 않았다. 답사지에 넣지 못하는 이유는 간단하다. 이곳은 북촌에 속하지 않기 때문이다. 그래서 북촌을 답사 다닐 때에는 조계사를 들리지 않는다. 그래서 조계사가 외톨이로 남게 되는데 그렇다고 이곳 한 군데만 보러 가기에는 답사 시간이 아깝다. 답사는 짧은 시간에 많은 것을 보아야 하기 때문에 조계사 한 곳 보려고 답사를 가면 시간이 아깝게 느껴진다. 그래서 이렇게 북촌을 갔다가 시간이 남으면 들려보라는 것이다.

이 절은 그리 오래된 절이 아니라 유물이라 할 것은 없다. 그러나 한국 불교의 중추인 조계종의 총본부이니 이 절에 대해서는 알아둘 필요가 있겠다. 나는 이 절을 1960년대부터 그 변모하는 모습을 계속해서 보았기 때문에 감회가 남다른 면이 있다. 이 절에서 특히 주의 깊게 보아야 할 것은 대웅전이다. 이 건물에는 재미있는 이야기가 얽혀 있다. 불교와 전혀 관계없는 보천교라는 신종교와 관계있

조계사 입구와 일주문

는 건물이기 때문이다. 그래서 이 건물을 중심으로 이 절을 간단하게 살펴보았으면 좋겠다.

조계사가 지금의 규모로 바뀐 것은 그다지 오래 전의 일이 아니다. 내가 1960년대 말에 중학교를 다니면서 그곳을 지나다닐 때 보면 이 절은 밖에서는 보이지 않는 절이었다. 다시 말해 이 절은 존재감이 없는 절이었다는 것이다. 그에 비해 지금은 큰 일주문이 들어서고 부지도 원래의 몇 배가 되는 등 실로 엄청난 변화가 있었다. 이 절이 밖에서는 보이지도 않는 절이었다는 것은 절로 들어가는 길이 차 한 대가 들어갈 수 있는 정도의 좁은 골목길이었기 때문이다. 지금도 그 골목길의 흔적은 있다. 그랬던 게 지금은 절의 크기에 맞지 않은 큰 일주문이 세워질 정도로 입구가 커졌다. 이곳에 갔을 때 학생들에게 이 같은 조계사의 내역에 대해 말해주면 잘 믿지 못하는 눈치였다. 예를 들어 조계사는 역사가 얼마 안 된 절이라든가 규모도 지금보다 훨씬 작았다고 하면 도무지 실감하지 못하는 것 같았다.

학생들에게 이 절은 1930년대 후반부터 1940년대 전반에 세워진 아주 어린 절이라고 하면 그들은 어리둥절해 한다. 그러면 나는 그들에게 상식적으로 생각해 보라고 제안한다. 유교 국가인 조선의 위정자들이 같은 수도 한 복판에 절을 세우게 놔두었겠느냐고 말이다. 그것은 절대로 불가능한 일 아니겠는가? 한국인들이 사대문 안에 절을 세울 수 있었던 것은 일제식민기에 들어가서야 가능한 일이었다. 어떻든 이 절은 당시 만해 한용운을 비롯한 승려들이 한국 불교의 중심 기관을 만들자는 취지 아래 그 중심 사찰로 만든 것이다. 이전에 이 절의 모태가 되었던 각황사라는 절이 있었지만 이 절은 다른 자리에 있었다. 이 자리에 이 조계사가 들어선 것은 1930년대 후반의 일이다. 그때 종파의 이름은 조계종이라 했지만 이 절은 태고사라 명명했다. 절의 이름을 이렇게 지은 것은 고려 말의 고승이었던 태고 보우의 법통을 이어받겠다는 의미였을 것이다. 그러다 이 절의 이름은 1950년대에 종파의 이름에 따라 조계사로 바뀐다.

앞에서 말한 대로 이 절의 대웅전이 지닌 내력에 대해 보자. 이 건물이 원래는 불교와 아무 관계가 없었고 그 역사가 100년도 안 되었다고 하면 학생들의 표정이 '또 무슨 귀신 씨나락 까먹는 소리하느냐' 하는 식으로 바뀐다. 학생들은 이 절과 이 건물이 수백 년 전부터 있어왔을 것으로 생각했는데 그렇지 않다고 하니 생소한 것이다. 그래도 이 절이 한국의 대표적인 불교 종단인 조계종의 본부이니 그 역사가 수백 년은 될 것이라고 생각했는데 백 년도 안 된다고 하니 믿기지 않는 것이다.

이 대웅전에 대해 말하기 시작하면 끝이 없다. 이 건물이 강증산과 연결되어 있기 때문이다. 이 건물이 세워지는 과정을 다 알려면 강증산까지 올라가야 하니 그 과정이 복잡하다. 그것을 다 생략하고 아주 간단하게만 보면, 이 대웅전 건물은 정읍에 있던 보천교(普天敎)라는 신종교 교단의 중심 건물이었다. 보천교는 증산을 상제로 모시는 종파로서 차경석이라는 사람이 교주였다(차경석은 증산의 제자였다). 그는 자신이 황제라고 생각해 황제로 등극하고 황궁을 정읍에 지었는데 이 조계사 대웅전은 바로 이 황궁의 정전인 십일전(十日殿) 건물이다. 차경석이 황제로 등극하면서 보천교는 일제 당국으로부터 철저한 탄압을 받기 시작해 여기에 있던 약 50동의 건물은 하나하나 사라졌다(가령 내장사의 대웅전도 차경석이 세운 궁궐의 정문을 옮겨 지은 것이다). 그 가운데 이 십일전은 일제 당국이 불교계에 불하(拂下)하여 1937년 해체되어 이곳으로 옮겨지게 된다. 그렇게 해서 1938년에 재건축이 완성되고 지금에 이르게 된 것이다. 그래서 이 건물을 자세히 보면 절의 대웅전보다는 궁궐의 정전 모습에 더 가깝게 보인다.

이 조계사를 보면 한국이 부유해지는 과정과 겹쳐 보인다. 처음에는 별 볼 일 없는 절이었는데 서서히 영역을 확

조계사 대웅전

보천교가 세운 십일전 건물

장해 지금은 꽤 큰 절이 되었으니 말이다. 게다가 이곳은 땅값이 아주 비쌀 터인데 어떻게 그 많은 대지를 구입했는 지 놀랍다. 예를 들어 지금 관음전으로 쓰고 있는 건물은 원래 여관이었다. 이 건물을 예로 든 것은 몇 년 전에 이 관음전에 노조위원장 같은 직책을 맡은 한(韓) 모라는 이 가 들어가 시위를 하다 잡혀갔기 때문이다. 절 옆에 여관 이란 게 있는 것이 그다지 어울리지 않았는데 어느 날 가 보니 그 여관이 절로 바뀌어 놀란 기억이 있다. 그 여관의 땅값이 꽤 되었을 텐데 조계사가 사버린 것이다. 한국이 부자 나라가 되면서 종교계에도 돈이 이렇게 많이 몰려든 모양이다. 조계사가 그렇게 커질 줄은 상상도 못했다.

이 절을 보면 여러 문제가 보인다. 그 가운데 외적인 것만 보면, 새로 모신 불상이나 새로 만든 일주문이 너무 크다는 생각이다. 이전에 모신 불상은 분명 법당의 크기에 비해 너무 작았다. 그래서 큰 불상을 놓은 모양인데 이번 것은 너무 크다. 게다가 그런 불상이 3개나 있으니 법당 안이 꽉 차 여유가 없다. 일주문도 마찬가지이다. 큰 대문이 경내에 너무 밭게 있어 위태롭기까지 하다. 경내에 들어와도 신성한 공간이라는 생각보다는 시끄러운 장터에 있는 느낌만 든다. 그 외에도 여러 문제를 말할 수 있지만 종교계라는 것은 외부에서 아무리 지껄여봐야 꿈쩍도 안 하는 것을 잘 알기 때문에 더 이상 떠들 필요가 없겠다.

그 동안에 이 절에서 일어난 사건에 대해 다 말하려면 끝이 없다. 이 절은 한국 불교(조계종)의 총본부 역할을 했기 때문에 어떤 승려 집단이 불교계 안에서 권력을 잡으려면 반드시 이 절을 손 안에 넣어야 했다. 그래서 그동안 이 절을 둘러싸고 수많은 갈등과 참사가 있었다. 그때마다 경찰이 동원됐는데 가장 인상에 남는 사건은 경찰이 승려들의 난동을 진압하다 죽은 사건이다. 1990년대 일로 기억되는데 조계사에서 예의 난동 사건이 일어났다. 조계사를 갈취하려는 한 무리의 승려들이 총무원을 점령하려고 했던 것이다. 그런데 승려들의 반발이 너무 격해 그것을 막으려던 전투경찰이 안타깝게도 사다리차에서 떨어져 죽는 일이 발생했다. 이것은 TV 카메라에 그대로 찍혀 뉴스에 방영되기도 했다. 경찰이 사다리차에서 떨어지는 안타까운 모습이 생생하게 국민들에게 전달된 것이다. 그리고 이 사건은 미국 지상파 TV의 'Extra'라는 프로그램에도 보도되는 등 여파가 컸다. 그 뒤에도 이 절에서는 계속 해서 이해하기 힘든 일이 발생했는데 한국에서 종교에 대해 언급하는 것은 그다지 바람직한 일이 아니라 그만 두는 게 낫겠다.

그런 정치적인 일에 대해 왈가왈부하기보다는 경내에 있는 천연기념물이나 보는 것이 낫겠다는 생각이다. 백송이 그것으로 이 경내에서는 이 나무가 가장 오래된 것이다. 백송이라고 부르는 이유는 간단하다. 나무의 껍질이 벗겨져 나가 나무 색깔이 희게 되어 그렇게 부르는 것이다. 수령이 500년 되었다는 설이 있는데 원래의 큰 줄기는 절단되고 그 가지인 현재 것만 남았다고 한다.

나는 이 절을 자주 가지는 않지만 한국문화중심에서 인사동에 갈 일이 있으면 일부러 이 절을 관통해서 간다. 이때 일본대사관 앞으로 해서 건물 사이로 들어가면 도심 속 공원이 나온다. 이 공원은 매우 의미가 많은 곳이다. 이 공원 안에는 보성사 터라는 표지석이 있는데 보성사는 천도교가 운영하던 인쇄소로 바로 이곳에서 3.1 운동 때 독립선언문이 인쇄되었다. 그리고 이종일 선생의 동상이 있는데 그는 이 선언문을 인쇄하는 일의 총책임자였을 뿐만 아니라 앞에서 말한 것처럼 태화관에서 선언문을 낭독한 분이기도 하다. 그리고 그 옆에는 특이하게 목은 이색의 초상화를 모셔놓은 '목은 선생 영당(影堂)'이라는 곳이 있다. 이 작은 공원 안에 역사적인 사건이 많이 엮여 있어 신기하다.

이 공원을 지나면 바로 조계사의 뒷문이 나온다. 그러면 그리로 들어가 대웅전을 돌아서 앞문으로 나간 다음 길을 건너 인사동으로 간다. 그런데 이렇게 통과하는 것이 아니라 일부러 조계사를 방문하는 날도 있다. 불탄일이 가까워지면 조계사의 경내에는 수많은 등을 매달아 놓는데 이게 장관이라 밤에 보러 가는 경우도 있다. 이때 볼 수 있는 '연등의 바다'는 보통 때는 접할 수 없는 것이라 독자들께도 일 년 중 이때가 되면 꼭 조계사를 방문해보라고 권하고 싶다.

최준식 교수의
서울문화지 **III**

서西 북촌
이야기

지은이 | 최준식

펴낸이 | 최병식

펴낸날 | 2018년 10월 1일

펴낸곳 | 주류성출판사

주소 | 서울특별시 서초구 강남대로 435(서초동 1305-5) 주류성빌딩 15층

전화 | 02-3481-1024(대표전화) 팩스 | 02-3482-0656

홈페이지 | www.juluesung.co.kr

값 12,000원

ISBN 978-89-6246-360-6 04980

ISBN 978-89-6246-344-6 04980(세트)